"十四五"职业教育国家规划教材

环境小品设计 第3版

HUANJING XIAOPIN SHEJI

主　编　陈　宇

副主编　朱　颖　康红涛
　　　　韩凝玉　陈涵子

主　审　胡长龙

重庆大学出版社

内容提要

本书从我国城市环境建设发展和风景园林专业等相关课程的教学需要出发,吸收当前环境小品设计的研究成果,结合相关案例系统介绍了环境小品设计的理论和方法。本书主要内容包括环境小品设计概论、环境小品的分类、环境小品设计的原则和方法、各类环境小品分析、常见环境小品的构造与施工等。书中含有 68 个微课,可扫书中二维码学习。

本书内容丰富,资料翔实,可作为风景园林专业、园林专业、园林技术、环境艺术设计专业教学用书,也可供城市规划、风景园林规划设计人员参考。

图书在版编目(CIP)数据

环境小品设计／陈宇主编. -- 3 版. -- 重庆：重庆大学出版社, 2023.7
高等职业教育园林类专业系列教材
ISBN 978-7-5624-8300-7

Ⅰ. ①环… Ⅱ. ①陈… Ⅲ. ①环境设计—高等职业教育—教材 Ⅳ. ①TU-856

中国版本图书馆 CIP 数据核字(2022)第 208311 号

高等职业教育园林类专业系列教材

环境小品设计

(第 3 版)

主　编　陈　宇
副主编　朱　颖　康红涛
　　　　韩凝玉　陈涵子
主　审　胡长龙

责任编辑：何　明　　版式设计：莫　西　何　明
责任校对：邹　忌　　责任印制：赵　晟

*

重庆大学出版社出版发行
出版人：陈晓阳
社址：重庆市沙坪坝区大学城西路 21 号
邮编：401331
电话：(023)88617190　88617185(中小学)
传真：(023)88617186　88617166
网址：http://www.cqup.com.cn
邮箱：fxk@ cqup.com.cn(营销中心)
全国新华书店经销
重庆长虹印务有限公司印刷

*

开本：787mm×1092mm　1/16　印张：12.25　字数：315千
2016 年 7 月第 1 版　2023 年 7 月第 3 版　2023 年 7 月第 4 次印刷
印数：6 001—9 000
ISBN 978-7-5624-8300-7　定价：59.00 元

编委会名单

主　任　江世宏

副主任　刘福智

编　委（按姓氏笔画为序）

卫　东	方大凤	王友国	王　强	宁妍妍
邓建平	代彦满	闫　妍	刘志然	刘　骏
刘　磊	朱明德	庄夏珍	宋　丹	吴业东
何会流	余　俊	陈力洲	陈大军	陈世昌
陈　宇	张少艾	张建林	张树宝	李　军
李　璟	李淑芹	陆柏松	肖雍琴	杨云霄
杨易昆	孟庆英	林墨飞	段明革	周初梅
周俊华	祝建华	赵静夫	赵九洲	段晓鹃
贾东坡	唐　建	唐祥宁	秦　琴	徐德秀
郭淑英	高玉艳	陶良如	黄红艳	黄　晖
彭章华	董　斌	鲁朝辉	曾端香	廖伟平
谭明权	潘冬梅			

编写人员名单

主　编　陈　宇　　南京农业大学

副主编　朱　颖　　苏州科技学院

　　　　康红涛　　闽南师范大学

　　　　韩凝玉　　南京农业大学

　　　　陈涵子　　同济大学

参　编　杨　恒　　南京农业大学

　　　　杜佳瑜　　南京农业大学

　　　　李小玉　　南京农业大学

　　　　霍　源　　南京农业大学

　　　　安雅雯　　南京农业大学

　　　　翁有志　　南京晓庄学院

主　审　胡长龙　　南京农业大学

再版前言

城市作为物质的巨大载体,运用其具体的形象为人们提供一种生存的空间环境,并在精神上长久地影响着生活在该环境中的每一个人。我国改革开放几十年来,国民经济迅速发展,人民生活水平不断提高,与此同时,人们也迫切希望改善和美化自己的生存环境。环境小品,作为改善人们生存环境、美化城市的重要举措,以其投资小、见效快、占地面积少、灵活多变等优势得以迅速发展。一个个设计精良、造型优美的环境小品,犹如点缀在城市大地中的颗颗明珠,光彩照人,对美化环境、提高人民的生活情趣及质量起到了不可替代的重要作用。

近年来,我国城市环境建设发展迅速,相关的研究成果不断出现,本书力求用通俗的语言阐述环境小品的基本知识及设计的要点等,吸收环境小品设计研究方面的最新成果,较好地反映近年来环境小品设计方面取得的新成就。

本书的编写遵循两个基本原则:

(1)理论知识储备优先,最大程度地使理论知识体系简洁化。

(2)理论结合实际应用,让学以致用成为教学目标。

本书力图体现三大特色:

(1)框架简洁、内容详实、条理清晰。

(2)图文并茂、结合实例、趣味性强。

(3)强调实践应用、设计思路清晰、施工步骤明确。

我们在每一章的最后都设计了两个课后环节,即基本概念和复习思考题。基本概念选取了每一章的核心专业名词,主要考察学生对专业名词的理解程度,以供课后复习参考;复习思考题则是根据每章节内容的核心所学,结合课外拓展知识,编制了相关题目,以巩固和加深学生对理论知识和实践应用的学习和记忆,同时提高他们发现问题、分析问题和解决问题的综合能力。

本书共设5章。第1章概论,主要介绍了环境小品的概念、特征、与园林环境的关系等;第2章环境小品的分类,介绍了环境小品的三种分类方式,即按照所处空间位置、艺术形式和功能进行系统的分类;第3章环境小品设计的原则和方法,主要内容为环境小品的设计原则和设计方法,此外还介绍了环境小品的工作流程以及环境小品案例图纸分析等内容;第4章从各类环境小品分析入手,分别介绍了装饰类环境小品、服务类环境景观小品、游憩类环境小品、照明类环境小品的设计要点、方法和原则等;第5章为构造施工,介绍了各类常见环境小品的构造与施工,其中包括施工的步骤和施工图的表达等。在介绍各类环境小品设计要点时,附了相关案例和图片,做到理论与实践相结合,便于学生实践能力的培养。

　　此外,本书在修订的过程中,紧跟国家规范和行业标准,针对教材的可视化做了大量修订工作。全书增加了68个微课视频文件,放置在对应章节处,可用手机扫二维码进行观看。方便学生随扫随学,可听可看,增加教学的趣味性。

　　本书内容丰富,资料翔实,可作为风景园林专业、园林专业、园林技术、环境艺术专业教学用书,也可供城市规划、风景园林规划设计、环境艺术设计人员参考。

　　本书由具有多年教学经验的高校教师在多年授课经验的基础上,结合学生和市场需求编写而成,通俗易懂,图文并茂。具体分工如下:第1章,康红涛;第2章,韩凝玉;第3章,陈涵子;第4章,陈宇;第5章,朱颖。主审胡长龙先生对每一章节都进行了细致的审阅,并提出了许多宝贵的修改意见,他的敬业精神令人钦佩。参与书稿整理工作的还有翁有志、杨恒、杜佳瑜、霍源、安雅雯、李小玉、王晓依,在此向他们表示感谢。在本书编写过程中,大部分照片均为编者自摄,部分照片参考了有关书籍和网络资料,其中有些图片因没能准确地核实其来源而难以注明作者与出处,在此对这些资料的作者表示衷心的感谢。

　　虽然在编写过程中力求做到最好,但由于编写人员水平有限,书中难免有不妥之处,敬请读者批评指正,以便今后修改完善。

编　者
2023 年 5 月

目　录

1 概 论

[本章导读]

通过本章的学习,了解环境小品的概念、环境小品的特征,初步了解环境小品与园林环境的关系,并通过对国内外一些环境小品设计案例的介绍,了解目前我国环境小品发展过程中出现的问题。

随着社会的发展和科学技术的进步,人们的价值观和审美观都发生了巨大变化,环境景观设计者也在不断地运用各种现代材料和现代设计理念创造出优秀的现代环境景观作品。同时,伴随着城市化进程的加快及人们对环境问题的日益重视,环境小品设计已经作为一项重要的设计要素,在城市规划、建筑设计、园林环境营造中发挥着越来越重要的作用。

1.1 环境小品的概述

环境小品属于环境艺术,是城市环境中一个重要的组成部分,在环境中具有艺术及功能的双重特性,它是景观环境中的一个视觉亮点,能够起到吸引游人停留、驻足的作用。

1.1.1 环境小品的概念

"小品"一词本来是文学的一种载体,指随笔、杂感之类短小的文章,又称小品文。这类小品通常深入浅出或边述边议,讲出某些道理,涉及的范围十分庞杂。而我国传统上所称的"园林小品"虽已非文学上的小品,但亦可按此类推理解。起初泛指园林中常用的小型建构筑物,也常称为园林建筑小品。

环境小品的概念和范围随时间的推移与经济、科学技术的发展,也发生了很大的变化。现在主要指那些功能简明、体量小巧、造型别致、带有意境、富于特色的小型建筑物或小型艺术造型体。

　　面对庞杂的环境小品,有必要对其进行系统的分类、归纳,以便对环境小品有更清楚的认识,同时也能更好地用环境小品来为我们的城市建设服务。精致小巧、形式多变、丰富多彩本身就是环境小品的特点,根据其概念与特点可以从以下几方面大致进行分类。

1) 环境小品

　　环境小品是指环境中体量小巧、功能简明、造型别致、富有情趣、选址恰当的精美构筑物。环境建筑小品的设计及处理,只要剪裁得体、配置得宜,必将构成一幅幅优美动人的园林景致,充分发挥为园景增添景致的作用。

　　环境小品的类型有喷泉、拱桥、各类景观指示牌、景墙、售卖亭、公厕、树池、花池、室外灯具(图1.1—图1.3)等。

图1.1　喷泉　　　　　　　　图1.2　拱桥　　　　　　　图1.3　景观指示牌

2) 设施小品

　　设施小品是园林环境中不可缺少的组成要素,指具有一定的使用功能与装饰、点缀环境功能的公共设施。它体量小巧、造型新颖、精美多彩、富有园林特色和地方色彩,在园林中的各处,供人评赏,成为广大游人所喜闻乐见的环境小品。因此,它既有园林建筑技术的要求,又含有造型艺术和空间组合上的美感要求。

　　设施小品的类型有景观灯、垃圾桶、景墙、桌椅凳(图1.4—图1.9)等。

图1.4　景观灯　　　　图1.5　室外垃圾桶　　　　图1.6　景墙

3) 植物小品

　　植物小品是指树木、花卉等园林植物通过修剪、拼接组合,形成并保持一定的艺术造型(如圆形、方形、动物形等)、图案或围合空间,这些园林植物即是植物小品,通常具有与雕塑、园林建筑相似的艺术效果。

　　植物小品的类型有花坛花境、植物雕塑、草坪景观(图1.10—图1.13)等。

图1.7 广州寺右万科中心龙舟生凳

图1.8 陌尚春耕座椅——"自然"的选择

图 1.9　根系长凳

图 1.10　花坛花境(1)

图 1.11　花坛花境(2)

图 1.12 植物雕塑

图 1.13 草坪景观

4) 建筑小品

园林建筑小品具有精美、灵巧和多样化的特点,设计创作时可以做到"景到随机,不拘一格",在有限空间得其天趣。集观赏与实用于一体的建筑小品是园林绿地中数量最多、体积最大的人工景观,在园林中既能美化环境,丰富园趣,为游人提供文化休息和公共活动的方便,又能使游人从中获得美的感受和良好的教益。

建筑小品包括景观廊架、古典亭廊、水榭(图1.14—图1.21)等。

图1.14   德国斯图加特大学动态智能幕棚

图1.15   北京某学校过山车棚架

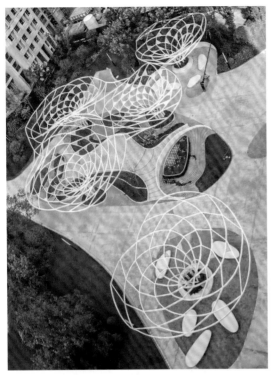

图 1.16　保利·新武昌 K4 主景构筑物

图 1.17　深圳蘑菇伞

图 1.18　古典长廊

图 1.19　古典亭廊

图 1.20　小水面上的水榭　　　　　　　　图 1.21　大水面上的水榭

　　总之,环境小品是一种尺度合宜、结构精巧、造型独特的构筑物,在室内外环境中既能满足使用功能,又能满足造景要求,并能与环境密切结合。

1.1.2　环境小品的发展变化

　　在 19 世纪末以前,环境小品的服务对象主要是皇家以及达官贵人,特别是在公共空间相对缺乏的中国。因此,这一时期的环境小品多体现皇族的尊严与权力,设计繁琐且矫饰,极力通过繁复的设计来显示尊贵,缺少公共性质,艺术性较强而使用性却相对较弱。

　　在 20 世纪以来,随着中西方文化的交流逐渐频繁,工艺美术运动的兴起和皇族地位的没落,以及景观设计师对人性化的重视,环境小品的设计进入了新的发展时期。这一时期环境小品已经由以前比较单一的服务对象变成了以公共社会作为服务对象,环境小品的服务空间也发生了相应变化。

　　进入 21 世纪后,随着城市化的发展与城市规模的扩大,环境小品被广泛应用到现代城市广场中,服务人群更为广泛,以城市居民作为主要服务对象,同时结合时代发展变化,结合了更多的科技新元素,被引入很多不同性质的空间,不只是室内空间,还有园林绿地、城市广场空间、街道空间等,所以环境小品的范围涉及了建筑内外的空间。

1.1.3　环境小品与其他学科的关系

　　环境小品在风景园林、环境艺术等相关领域中占有重要地位。因此,针对环境小品的阐述也需要紧密结合相关学科进行分析和界定。

1)环境小品与风景园林学科的关系

　　从 F. L. 奥姆斯特德开创 Landscape Architecture 这一专业以来,现代景观在现代绘画、现代雕塑和现代建筑的发展影响下不断变化。尤其到了第二次世界大战以后,随着大地艺术、生态主义、后现代主义、解构主义、极简主义等各种思潮的发展,现代风景园林设计从小尺度的室内景观、街头公园以及更大规模的大地规划,一步步地走向了更加广阔的天地。

　　同时,随着科技的发展,新材料的大量出现,人们对现代文明的负面影响的反思以及对传统文化价值的再思考,现代风景园林设计无论从设计理念还是造景手段都发生了深刻变化,环境小品在现代风景园林中的表现手法及表达方式也越来越多样化。

在造景过程中除了建筑、树木、地形、水体这些大骨架外,一组石、几丛花木、一盏园灯、一组雕塑都成为景观的特殊语言,沟通着每一个观赏者的心灵。环境小品虽小,却意境无穷,将会越来越为人们所重视,它能使整体景观设计表现出无穷的活力、个性与美感。

2)环境小品与建筑学科的关系

建筑学从广义上来讲,是研究建筑及其环境的学科。在通常情况下,它更多的是指与建筑设计和建造相关的艺术与技术的结合。因此,建筑学科是一门横跨工程技术和人文艺术的学科。建筑学所涉及的建筑艺术与建筑技术,虽有明确的不同,但又紧密联系。

环境小品与建筑学科的关系密不可分,环境小品可以从细节上完善城市建筑的功能,提升建筑本身的艺术性与观赏价值,二者相辅相成。城市建筑小品是布置在城市街头、广场绿地等环境中的小型建筑设施,除了使用功能,还具有观赏和装饰的功能,以及造型上的艺术性。如叠石盆景、喷泉、桌椅、长廊、雕塑等,可以通过作品自身的美,激发视觉感官上的美的联想。

城市建筑小品的创作要求:

(1)立其意趣　根据自然景观和人文风情,作出景点中小品的设计构思;

(2)合其体宜　选择合理的位置和布局,做到巧而得体、精而合宜;

(3)取其特色　充分反映建筑小品的特色,把它巧妙地熔铸在园林造型之中;

(4)顺其自然　不破坏原有风貌,做到涉门成趣、得景随形;

(5)求其因借　通过对自然景物形象的取舍,使造型简练的小品获得景象丰满充实的效应;

(6)饰其空间　充分利用建筑小品的灵活性、多样性以丰富园林空间;

(7)巧其点缀　把需要突出表现的景物强化起来,把影响景物的角落巧妙地转化成为游赏的对象;

(8)寻其对比　把两种明显差异的素材巧妙地结合起来,相互烘托,显出双方的特点。

3)环境小品与环境艺术设计学科的关系

环境艺术设计是与建筑学、城市规划学等密切相关的综合性学科,它属于艺术设计学科的一个分支,是用艺术的方式和手段对建筑内部和外部环境进行规划、设计的活动。

环境艺术设计的目的是为人类创作更为合理、更加符合人的物质和精神需求的生活空间,为人们的生活、工作和社会活动提供一个合情、合理、有效的空间场所。因此,环境艺术设计追求的是人性化的空间场所,包含了自然、人工、人文要素,从地理、生态、建筑、材料与技术到哲学、伦理、人体工程、心理、历史、经济等,几乎无所不包,凡与人关联的各方面的领域都与环境艺术设计相关。

人性化的环境艺术设计其实反映了人对于周围环境的心理、行为点点滴滴的关注,可以通过人性化的环境小品加以实现,使其达到协调。在环境艺术涉及的人性化环境小品的评价体系,还应具备以下几个方面:

①应明确传达该设施、场地可被使用的功能性。

②应具备对使用者的吸引力。

③可以满足最有可能和最吸引人的活动需求。

④为使用者提供保障和安全感。

⑤提供可舒缓城市压力、有利于使用者身心健康和情绪安宁的环境。

1.2　环境小品的特征

城市环境是人们赖以生存的空间,人们不断地致力于保护环境、改造环境、美化环境。环境小品作为城市环境的独特组成部分,在美化环境的过程中逐步发展成熟。环境小品主要有以下几个特点。

1.2.1　整体性

环境小品的整体性可以从两个不同层次来理解:一是整体环境的协调统一;二是多种功能的协调统一。整体性是设计的一个重要原则,在做具体设计的时候必须要考虑到整体,用联系的眼光思考局部与整体的关系。

1)整体环境的协调统一

在环境小品创作时,要联系其所处的环境和它的空间形式,保证环境小品与周围环境、建筑之间做到和谐与统一,避免环境中各要素因不同形式、风格、色彩而产生冲突和对立。彼得·沃克曾说过"我们寻求景观中的整体艺术,而不是在基础上增添艺术"。空间是环境的主角,环境小品作为实体构成空间,它需要为环境和谐的整体利益而限制自身不适宜的夸张表现,使各自的先后、主从分明,共同构筑整体和谐统一的环境景观。这就意味着环境小品作为整体环境中的一部分,需要服从环境和谐的整体利益,需要明确各方面的先后及主从关系,而不能孤立地考虑自身个性的张扬。

因此,成功的环境小品首先应与环境的整体相协调,无论大到景观建筑,还是小到庭院灯、垃圾箱等环境设施,都必须强调整体与全面的设计理念。

【案例1.1】　拙政园西部宜两亭即是与环境协调的佳例。当年,拙政园中部与西部分属两家所有。原先西园的主人想在东墙侧高墩上建造楼宇,但中园园主深觉不安,因为高楼耸起,突兀于中园西面,会破坏景观协调而大煞风景;再则,西园主人若上楼,则中园内的一切活动会显露无遗。后来,两园主人经过多次协商,终于达成共识,西园主人不再建造高楼,而改为堆山筑亭。这样,西家可以在亭中观赏到他十分羡慕的中园景色,而东家在中花园亦可有眺望亭阁高耸的一番情趣,借亭入景,丰富景观,岂不皆大欢喜! 联想起诗人白居易的名句"明月好同三径夜,绿杨宜作两家春",再想想造亭的经历,两家园主同时悟出了"此亭宜作两园景"的道理,于是就命名该亭为"宜两亭"(图1.22)。

2)多种功能的协调统一

环境小品除了使用功能外,还有信息传递、审美欣赏、反映历史文化等多方面的功能要素,因此任何一个环境小品的功能要求都是多方面的。环境小品以它特定的存在形式给人们提供使用功能的同时,也以它的形态、色彩、质地等构成(符号)传递着各种信息、意味和情趣。信息传递是对环境小品艺术深层次精神领悟的基础,一个特定的空间形态、色彩组合、材料质地、家具与设施的配置等会给人以多种信息。

环境小品设计要满足各种不同的功能要求,具体的环境对功能的需求程度又不尽相同,有些强调使用功能,有些偏重精神功能。在设计中,使用功能与精神功能是既矛盾又统一的关系,因此,协调、平衡和综合各功能之间的关系是环境小品设计的重要部分。

图1.22　宜两亭

【案例1.2】　南京中山陵音乐台的整体设计既充分结合了自然环境,又很好地处理了不同功能之间的比例尺度关系。它位于中山陵的东南角,建于1932年,占地4 200余平方米。整体设计特意利用原有天然坡地,整理、加修路面和踏步,埋设排水管道,铺植草皮而成,观众可以席地而坐(图1.23)。

音乐台外圈设计一道半圆形钢筋混凝土花架、花坛和座凳,种植花草爬藤。花架梁柱尺度宜人,施工精湛,至今经历约一个世纪,益发显得古朴浑厚(图1.23、图1.24)。

舞台照壁为整体设计的主要建筑,壁高约12 m,顶部为云纹图案并饰有龙头、灯槽,可种植垂挂植物。台下设公共厕所、工具贮藏室等。台前辟有月牙形水池,用以汇集全场雨水,同时可以改善音质。此外,月形水池中养有金鱼、睡莲。

1.2.2　科学性

环境小品应该充分体现当今的科学技术水平和人们的审美追求与趣味,将现代科技成果应用于构筑理想的环境之中。

1)设计原则与理念的科学

环境小品的设计原则应秉承可持续发展的原则与生态环保的设计理念。

在利用自然资源进行景观设计时,应考虑未来生态的平衡,考虑可持续发展的可能。可持续发展的原则在环境的建设中具体体现在保持自然原本的生态,不要肆意破坏自然,不能大面积地砍伐森林和铲除绿地。对建设材料的选用也应该尽量采用可再生的植物,以及可再利用的材料和没有环境污染的材料。

图1.23 南京中山陵音乐台(1)

图1.24 南京中山陵音乐台(2)

【案例1.3】 上海后滩公园位于2010上海世博园区西端，占地18 hm²。场地原为钢铁厂（浦东钢铁集团）和后滩船舶修理厂所在地，公园在设计阶段保留了场地内的原有一块面积16 hm²的江滩湿地，茂盛的柳树和芦苇群落，供鸟类栖息并发挥河水净化和防止洪水侵蚀等功能；改造原有水泥硬化防洪堤而成为生态型的江滨潮间带湿地，供乡土水岸植被繁衍生长；同时，设计了一个人工内河湿地系统，绵延1.7 km，宽窄不一（图1.25）。

图1.25 上海后滩公园(1)

设计者倡导足下文化与野草之美的环境伦理与新美学思想，最终在垃圾遍地、污染严重的原工业棕地上，建成了具有水体净化和雨洪调蓄、生物生产、生物多样性保育和审美启智等综合生态服务功能的城市公园。公园充分利用旧材料，节约造价，倡导低成本维护等生态理念，包括旧砖瓦、钢铁的再利用。如图1.26所示，后滩公园利用钢铁制作成特殊框架，既能丰富景观的视觉效果，又能延续场所历史。

2）设计形式的科学

环境小品设置后一般不会随意搬迁移动，具有相对的固定性，所以设计不能仅凭经验和主观判断，而是必须根据特定的位置条件、周围环境对视线角度、光线、视距等因素的影响等进行合理的设置，避免出现过于突兀或过于消极隐蔽的设计。

同时，要考虑当地的实际特点，结合交通、环境等各种因素来确定环境小品的形式、内容、尺寸、空间规模、位置、色泽、质感等方面的营建方式。对于整体植物小品，更应考虑植物的生长习性、花期等因素。

【案例1.4】 颐和园知春亭是颐和园主要的观景点之一，在这个位置上大致可以纵观颐和园前山景区的主要景色，在180°的视域范围内，从北面的万寿山前山区、曲堤、玉泉山、西山，直至南面的龙王庙小岛、十七孔桥、廓如亭，视线横扫过去形成了恰似中国画长卷式、单一面完整的风景构图立体画面（图1.27）。

图 1.26　上海后滩公园(2)

图 1.27　知春亭近照

在距离上,知春亭距万寿山前山中部中心建筑群及龙王庙小岛500~600 m 的视距范围内,这个范围大致是人们正常视力能把建筑群体轮廓看得比较清晰的一个极限,成了画面的中景。而作为远景的玉泉山、西山退在远方,而从东堤上看万寿山,知春亭又成了使画面大大丰富起来的近景;从乐寿堂前面南望,知春亭小岛遮住了平淡的东堤,增加了湖面的层次。知春亭位置的选择在"观景"与"点景"两方面看都是极其成功的(图 1.28)。

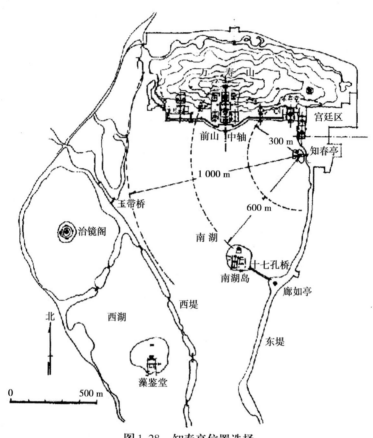

图 1.28　知春亭位置选择

1.2.3　艺术性

作为环境中的景观小品,审美功能是第一属性,通过其本身的造型、质地、色彩与肌理向人们展示其形象特征,表达某种情感,同时也反映特定的社会、地域、民俗的审美情趣。环境小品的制作过程中,必须注意形式美的规律,它在造型风格、色彩基调、材料质感、比例尺度等方面都应该符合条件统一和富有个性的原则。

1) 科学与艺术的统一

科学技术与艺术在环境艺术中是既相互制约又相互促进的关系,科学技术在一定程度上制约着艺术的形象创造,环境中的造型是以实体形态出现的,物质实体造型往往是需要科学理论和技术支持才能得以实现。科技的发展、新的结构理论的出现、新材料的使用,使得环境小品呈现出五彩缤纷的效果。

【案例1.5】　"我爱长沙"公共艺术装置位于湖南省省会长沙,旨在美化和激活湘江河岸的公共空间。项目主体运用趣味造型的巨型"长沙"拼音字母作为IP形象,构成了时尚炫酷、辨识度极高的城市地标。它同时作为催化剂,吸引和促进了周边人气聚集与社交互动,在美丽的湘江畔创造了一个户外人流聚集点和休闲空间,提升了青少年及所有游客的体验(图1.29)。

这组公共艺术装置,提供了供社交媒体传播和分享的绝佳摄影素材。除此之外,"长沙"的字母胶囊中还隐藏了游戏设备,为孩子们带来欢乐,成为孩子们的"城市玩具",从首字母"C"贯穿到结尾字母"a",创造了一条具有挑战性的游玩动线,反之亦然。

"我爱长沙"的设计提升和刺激了游客对公共河岸的感官体验,并成功地创造了一个绚丽多彩、令人兴奋的城市地标。

图1.29　"我爱长沙"公共艺术装置

2)理念与艺术的融合

意者立意,匠者技巧,立意和技巧相辅相成不可偏废。立意和技巧均佳的作品属于上乘,而立意平淡技巧再好也只能归之中乘。立意的好坏对整个设计的成败至关紧要,所谓立意就是设计者根据功能需要、艺术要求、环境条件等因素,经过综合考虑所产生出来的总的设计意图。

立意既关系到设计的目的,又是在设计过程中采用各种构图手法的根据。"意在笔先"是古人从书法、绘画艺术创作中总结出来的一句名言,它对环境小品创作也是完全适用的。组景没有立意,构图将是空洞的形式堆砌,而一个好的设计不仅要有立意,而且要善于抓住设计中的主要矛盾,其所立意既能较好地解决功能问题,又能具有较高的艺术思想境界。

立意可以选择不同的风格:古典与现代、规则与自然、开敞与封闭。立意是理性思维,侧重于抽象观念意识的表达。环境小品是环境艺术中的重要组成部分,因此它需要围绕并服务于整个环境的立意和主题进行设计。

【案例1.6】　网师园樵风径与潭西渔隐的设计完美地呼应了网师园的"归隐"主题:网师乃渔夫、渔翁之意,又与"渔隐"同意,含有隐居江湖的意思,网师园便意谓"渔父钓叟之园",此名即借旧时"渔隐"之意。

樵风径是网师园内一条别致的廊子,它由蹈和馆处向北曲折延伸,一直到月到风来亭北,形体曲折多变而修长。廊子的中段与濯缨水阁的外墙相接,有如一条幽僻的窄弄。廊子的北段则如爬山廊的形式,地势略有高低起伏。人立于樵风径廊内,可以感受到清新舒爽的清风,有如山林自然之风,意境幽雅(图1.30)。

图1.30　樵风径

潭西渔隐小院的殿春簃是园中代表性的"渔隐"处。庭院入户处,有砖雕字牌"潭西渔隐"。庭院以南北划分,北边殿春簃是实地空间,但实中有虚,藏中有露,屋后另有一天井,芭蕉翠竹倚窗而栽,靠坐在书香中,翠竹蕉石成景。院内铺装更为有趣,瓦片拼接卵石铺地,恰是渔网形状,地上鱼虾活跃,寒碧泉中游鱼畅快,恰能领悟"渔隐"之意,也更为体会"渔父"之乐(图1.31)。

图1.31　潭西渔隐小院

1.2.4　文化性

环境小品的文化性体现在地方性和时代性当中。自然环境、建筑风格、社会风尚、生活方式、文化心理、审美情趣、民俗传统、宗教信仰等构成了地方文化的独特内涵。环境小品的文化特征往往反映在其形象上。建筑物因周围的文化背景和地域特征而呈现出不同的建筑风格,环境小品也是如此,为与本地区的文化背景相呼应,而呈现出不同的风格。环境小品所处的建筑室内外环境空间只有注入了主题和支脉,才能成为一个有意义的有机空间、一个有血有肉的活体,否则物质构成再丰富也是乏味的,激不起心灵的深刻感受。

环境小品也是一个具有时代特征的重要载体,环境小品的设计,运用最新的设计思想和理论,利用新技术、新工艺、新材料、新的艺术手法,反映时代水平,使环境小品具有时代精神和风格。

1)民族性与地域性的风格特征

作为环境小品,具有相当的艺术可赏性应是其第一属性。小品通过本身的造型、质地、色彩、肌理向人们展示其形象特征,表达某种情感,同时也反映特定的社会、地域、民俗的审美情趣。环境小品的设计应尽可能地挖掘与体现民族的、本土的、地方的艺术特征,并通过直观的艺术形象来表达。

【案例1.7】 何陋轩位于上海方塔园东南隔洲屿之上,四面环水。建筑单体以竹为屋架,以草覆顶,建筑造型采用松江地区特有的四坡顶弯屋脊形式。竹竿间采取类似传统的捆扎方式连接,并施以黑漆。维护墙采用一系列弧形墙,灵活划分出茶室、烧水间等,创造游离于大屋面之下的流动空间,地面以不同标高转向各自最佳的室外环境,完成了室内外空间的功能组织与自由流动的构思要求。何陋轩在文化上的意义在于它不仅是地区层次上的文脉延续,而且是对于传统优秀建筑文化的继承与发扬(图1.32)。

图1.32 何陋轩局部

2)时代性的表现特征

环境小品是表现时代特征的重要载体,在设计与营建上,应尽量运用最新的设计思想和理论,利用新技术、新工艺、新材料、新的艺术手法,使环境小品具有鲜明的时代精神和风貌。

一个时代的环境小品设计的好坏是一个时代生活文化水平的直接反映。后人总是能从前人的作品中看到那个时代人们的思想及社会活动、生活水平等的轨迹。所以一个典型的环境小品是一个浓缩了时代精神的产物,必须找好这些文化及生活的结合点。

【案例1.8】 桂林芦笛岩水榭设计融小卖部、水榭等于一体,既借鉴了当地民居形式,又具有时代特征。该水榭位于芦笛岩风景区芳莲池西岸,与山坡上的贵宾接待室成错落状互相呼应。从水上荷叶形步道进入水榭,也可通过连廊与芳莲岭登山步道相连。水榭造型吸取传统旱舫和地方民居的特点,为舫与榭相结合的形式,一头高一头低,头尾部仿船形作成斜面,轻巧而通透。在高高山峦的衬托下,如一叶轻舟漂浮荡漾湖中(图1.33)。

图1.33　桂林芦笛岩水榭

建筑采用长短两坡屋顶,造型横向舒展。建筑底层架空,略高于芳莲池面,平台伸入水面,仅中间交通部分设墙体,其他部分围以栏杆、隔断,轻灵通透,水榭夹层的引入,形成三个不同高差的空间,且空间形状、围合形式、景观朝向各不相同。行进过程或上或下,空间与景观不断变化,建筑空间与路线处理灵活巧妙,和环境结合得十分紧密。

1.2.5　休闲性

现代社会激烈的竞争,有时会使人们感到精神压力大,人际关系淡漠,情感趋于封闭。于是在城市建设中,休闲性的环境小品日益被城市环境所重视。

休闲性环境小品充分体现了以人为本的设计理念。它实际上是人们对空间环境的一种新的要求。环境小品的设计目的是直接创造服务于人、满足于人、取悦于人的空间环境。它体现出了环境对人的关怀,同时也是人们交流的需要。具有合理的尺度、优美的造型、协调的色彩、恰当的比例、舒适的材料质感的休闲性环境小品,在供人们交流沟通、休闲活动的场所中发挥着重要的作用。

1)显性的休闲性

环境小品表现形式多样,不拘一格,其体量的大小、手法的变化、组合形式的多样、材料的丰富,都使其表现内容丰富多彩。同时环境小品设计的目的是直接创造服务于人、满足于人、取悦于人的空间环境。所以,环境小品要以合理的尺度、优美的造型、协调的色彩、恰当的比例、舒适的材料质感来满足人们的休闲、游憩等各种活动需求。

【案例1.9】　上海之鱼移动驿站以"观鱼春池鼓枻歌,花开满园游亭榭"为设计理念,承载观景、游园、赏花等系列休闲娱乐活动。基本型移动驿站以中国传统鲁班锁为设计原型,9 m×9 m×9 m为基本单元,以错层、架空、灰空间等手法,营造层次丰富、趣味多样的空间,承担着补充公园配套设施的功能,包括自动售卖、直饮水、母婴室、卫生间、休闲座椅、儿童游乐、工作室、观景平台等(图1.34)。

2)隐性的文化体现

环境小品的建成需要公众参与的社会文化,如文艺表演、民俗活动、文化展示、商业宣传、社会交往、游乐休憩等,这类文化本身虽然一般不需要设计师的预先设计,但是其需要发生的场所和可能性是需要精心设计的。环境小品恰恰可以与公众共同"合作"以形成物我互动的景观。

图1.34 上海之鱼移动驿站

【案例1.10】 桥上书屋位于福建省漳州市平和县下石村的两座土楼"到凤楼"和"中庆楼"之间的一条小溪之上。小学只有两个班,功能非常简单:两个阶梯教室,一个小图书馆,一个小便利店。建筑师将三个功能块全部安置在桥上,教室单侧的走廊通向中间的图书馆,两个教室在两端,分别朝向两个土楼(图1.35)。

图1.35 桥上书屋

1.3　环境小品与园林环境的关系

　　环境小品在园林环境中随处可见,在不同的园林环境中所起的作用也有所不同,按环境小品与园林环境的关系大致可以分为点景、观景、组景、引景。

1.3.1　点景

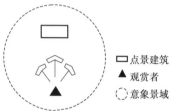

□ 点景建筑
▲ 观赏者
◌ 意象景域

图1.36　点景构成示意

　　环境小品作为被观赏的对象,通常既是景观节点,又起到点景的作用。即通过有意识地设置环境小品引起游人对某一景观区域的关注(图1.36)。因此环境小品与园林环境融合,起到了强化景观特征、丰富景观内容的效果。此时的环境小品成为该区域的重要景观的构成部分,在园林环境构图中有画龙点睛的功效。

　　甚至一些环境小品在整个园林环境中作为重要的点景,可以起到统摄全局的作用。

　　【案例1.11】　景山五亭位于北京中轴线上,又作为紫禁城的背景,穿过故宫层层的屋檐就能看到(图1.37、图1.38)。五亭从东向西分别是周赏亭、观妙亭、万春亭、辑芳亭、富览亭。其中万春亭(图1.39)位于景山最高点,也是北京城的中心所在。从万春亭上,可以南看故宫金碧辉煌的宫殿(图1.40),北看中轴线的钟鼓楼,西看北海的白塔。北京景山五亭既是明清北京城中重要的点景,也为欣赏明清北京城提供了重要的地点。

图1.37　从故宫望景山五亭(1)

图1.38　从故宫望景山五亭(2)

图1.39　万春亭

图1.40　从万春亭望故宫

【案例1.12】　陕西西安昆明池云汉广场位于昆明湖畔,昆明湖开凿于西汉,是当时史无前例的水利工程。昆明池的诞生,作为国之命脉所系,被赋予平定天下、交通外邦之神圣使命。如今重新呈现在世人眼前的昆明池景区,以乘风破浪汉武雕塑为核心主景,文武群将环绕两侧,共同矗立于战船之上(图1.41、图1.42)。展现西汉王朝的雄浑气魄,景观空间的打造,以半径长达130 m的仪式性广场作为汉武帝主雕的最佳展现界面(图1.43)。设计以"琉璃波面月笼烟"的广场主体,以水纹铺装与水景薄浪两者衔接,营造战船出海的恢弘气度(图1.44)。无论是向心式布局的云汉广场,还是作为主景的汉武雕塑,都极具中国特色。

图1.41　汉武雕塑

图1.42　汉武雕塑夜景

图1.43　云汉广场

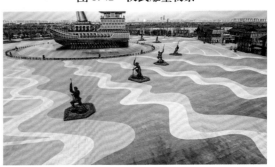

图1.44　云汉广场水纹铺装

1.3.2　观景

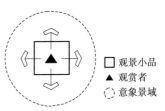

图1.45　观景构成示意

许多环境小品在园林环境中具有观景的作用,观赏主体处于"观景建筑"空间之内,透过环境小品的敞开面或门窗口,观览小品外面的环境景观。景观意象主要由周围环境的自然景观、小品景观和其他人文景观组成。观景建筑在这里起着"观赏点"的作用(图1.45)。

某些具有建筑性质的环境小品可供游人长时间停留,因而是观赏景物的理想场所。此时的环境小品往往因景而设,因此环境小品的选择、布局、朝向、开窗等均以观景面、观景视线为主要考虑对象。不仅如此,小品的体量、布局的显隐均应视环境而定。

【案例1.13】　与谁同坐轩立于拙政园西部东西向、南北向两个水池转角处,面向东南较宽阔水域。亭两侧各开一汉瓶形门,其状似瓶,南门平底圆口,可观卅六鸳鸯馆一角;北门圆底平口,可观倒影楼;扇面窗洞则可作为笠亭之框景。与谁同坐轩就这样把景观聚入其中,成为观景的典范(图1.46)。

图1.46　与谁同坐轩的观景作用

【案例1.14】　奥地利阿尔卑斯山脉的 Nordkettenbahn 山上有一条观景步道,其沿途设有十个不同的建筑结构,包括悬挑的平台(图1.47)、道路转角的座椅(图1.48)、阶梯式休息平台(图1.49)、斜靠台(图1.50)等,这些形式和功能各样的构筑物为游人观赏风景提供了观景场所,以便游人捕捉山脉的壮丽景色。

图1.47　悬挑的平台

图1.48　道路转角的座椅

图1.49　阶梯式休息平台　　　　　　　　　　　图1.50　斜靠台

1.3.3　组景

"组景"是指环境小品起着组织景观空间环境作用的组构方式。这种构成方式的景观意象主要产生于环境小品的组群之间,观赏主体处于环境小品和其他构成要素所组构的意象环境之中(图1.51)。在这里,环境小品成了意境空间的基本框架,外部景观则起到意境的烘托作用。一个或多个环境小品以同一个主题出现在园林或城市环境中,既点缀了局部园林或城市景观,又形成了整个环境的统一性。多个环境小品以不同的形式出现在园林环境中,通过视线、距离、颜色或材料等取得协调,从而形成统一。

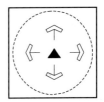

图1.51　组景构成示意图

【案例1.15】　伯纳德·屈米设计的拉·维莱特公园中,点、线、面3种要素叠加,相互之间毫无联系,各自可以单独成一系统,其中的点元素为红色的建筑。游人走在公园中前后左右都是组景建筑,这些组景建筑以相距120 m的距离形成矩阵,从而统一了整个公园的景观(图1.52、图1.53)。中国襄阳中华紫薇园的景观雕塑《声波》由500片色彩鲜艳、高度各异的穿孔钢鳍片组成,位于亚洲最大紫薇园的入口处。设计将音乐、韵律和舞蹈融入周边景观,作为打造雕塑"声波"造型的主要参数。游人走进钢鳍片的环绕之中,面朝不同方向,走入不同的空间,看到不同的景象(图1.54—图1.57)。广场在夜间将成为市民的公共舞会场地,而高度各异的穿孔钢鳍片则组成照明装置,与广场的音响系统相连。

图1.52　拉·维莱特公园轴测图　　　　　　图1.53　拉·维莱特公园中红色建筑形成组景

图 1.54　白天效果模型　　　　　　　　图 1.55　夜晚效果模型

图 1.56　雕塑组成的"天际线"　　　　　图 1.57　游人在雕塑中穿行

1.3.4　引景

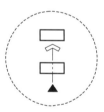

□ 点景建筑
▲ 观赏者
○ 意象景域

图 1.58　引景构成示意

何谓"引景",即点景引人,通过优美建筑或标志性景观吸引游人(图 1.58)。两个或多个环境小品分散在整个园林环境中形成引景建筑,引起游人的好奇心,从而引导游人继续向前游览,按预定游览线路前行,平衡园林游览空间。

【案例 1.16】　整个西湖景区,北有保俶塔屹立于西湖北缘宝石山巅(图 1.59),南有雷峰塔雄踞于西湖南岸夕照山的雷峰上(图 1.60)。这样游客在游览西湖的过程中,南北二塔形成了重要的引景建筑,使得偌大的西湖游览空间得以平衡,同时,南北二塔也是远眺西湖美景的眺望台(图 1.61、图 1.62)。

图 1.59 从西湖望保俶塔

图 1.60 从西湖望雷锋塔

图 1.61 从保俶塔望西湖

图 1.62 从雷峰塔望西湖

【案例 1.17】 意大利 Orsara di Puglia 小镇有一条行步道,贯穿了一片倾斜的草地(图 1.63、图 1.64)。这条步道由白色金属构成的框架结构限定出了三维空间,步道就像是一条可见性极强的开放式隧道(图 1.65、图 1.66),一侧连接城市高处的建筑,另一侧将路人引向市中心的公共广场。

图 1.63 步道通向市中心

图 1.64 步道引导游人向前

图 1.65　等距排列的金属框架

图 1.66　半围合的有顶结构

基本概念

1. 小品　环境小品
2. 设施小品　植物小品　建筑小品
3. 点景　观景　组景　引景

复习思考题

1. 风景园林与环境艺术分别具有怎样的学科范畴?
2. 根据环境小品的特征,调查所在城市中的环境小品有哪些特点及不足?
3. 调查所在城市的环境小品,思考我国城市环境小品存在的问题以及如何进行改进?
4. 阅读凯文·林奇的《城市意象》、杨·盖尔的《交往与空间》等城市设计相关著作,思考环境小品与城市的关系、环境小品如何体现城市地域特征以及怎样进行人性化设计。

2 环境小品的分类

[本章导读]

　　面对形式多样的环境小品,有必要对其进行系统的分类和归纳,以便对环境小品有更清楚的认识,同时也能更好地让环境小品为我们的城市增光添彩。本章着重对环境小品的分类进行系统梳理,分别从所处空间位置、艺术形式、功能进行分类阐述。

　　环境小品在城市中,与城市的建筑、街道、公园相映成趣,共同构成和谐的环境,任何一件环境小品都处于一定的空间环境之中。它是人们直接接触的最频繁的景观构成元素,既有实用性又有艺术性和趣味性,还具有丰富的内涵。其本身虽"小"但往往却是景观空间构成中必不可缺的部分。人们在城市中所看到的环境小品,不单是环境小品本身,而是这件环境小品与周围环境所共同形成的整体的艺术景观。换言之,环境小品需要为环境和谐的整体利益而限制自身不适宜的夸张表现,使各自的先后与从属分明,共同构筑整体和谐统一的视觉景观。

　　与此同时,作为单体的环境小品,其多样化、复杂化以及多边参与的建设方式,构成了当代环境背景,同时也形成了对环境小品多样化的要求。精致小巧、形式多变、丰富多彩本身就是环境小品的特点。面对庞杂的环境小品,有必要对其进行系统的分类和归纳,以便对环境小品有更清楚的认识,同时也能更好地让环境小品来为我们的城市增光添彩。

　　鉴于此,本章着重对环境小品的分类进行系统梳理。正如环境小品的形式丰富多样那样,根据不同的情况,环境小品的分类方法也有所不同,学者从不同角度对环境小品进行分类。不同的分类便于人们对环境小品从不同角度进行分析研究,总体而言,其涵盖的研究对象大致相同。为了便于对环境小品有一个准确和较为深刻的认识和界定,笔者将其划分为 3 种:根据环境小品所处的空间位置将其分为室内环境小品和室外环境小品;根据环境小品的艺术形式,将其分为具象环境小品和抽象环境小品;根据环境小品的功能将其分为纯景观功能的环境小品和兼使用和景观功能的环境小品。下面逐一介绍。

2.1 按所处空间位置分类

2.1.1 室内环境小品

　　室内环境小品是室内的重要组成部分,室内环境小品类型丰富多样,主要表现形式有室内水景、植物、灯具、雕塑、艺术品等。各类室内环境小品的形态、色彩、材质、肌理、光线的设计,最终都是为了创造高品质精神境界的室内空间环境。所以,环境小品的设置需在考虑整体室内氛围的前提下进行。根据不同建筑、不同功能和对环境小品的不同要求选择合适的环境小品。

1)室内水景

　　由于室内空间的规模、性质、风格不同,水景小品的设置也不尽相同。可以分为静水和动水两种。

　　(1)静水　静水清澈透明,能很好地折射出周围的景物,扩大空间层次感,软化建筑硬质界面。静水的形式可以分为水族箱和水池两种。图2.1是一个家庭用水族箱,流动的金鱼、屹立的山石、灵动的水草组合在一起为室内设计增加生态性与趣味性。水池可以分为规则式、自然式、混合式,可以应用于住宅、商业建筑、大型公共建筑等室内空间的点缀。如图2.2—图2.5所示,是住宅和商业建筑内的水池造景,为整体空间营造出静谧、纯粹的氛围。

图2.1　住宅室内水族箱　　　　　图2.2　公共建筑室内水景

图2.3　住宅室内水景　　　图2.4　商业建筑室内水景　　　图2.5　公共建筑室内水景

（2）动水　动水的形式较为多样,可以分为壁泉、喷泉、水幕、跌水等。图2.6—图2.8为商业建筑内的互动式涌泉水景,既能吸引人群,同时又划分出一块公共休闲空间。

2）室内雕塑

雕塑是一种在实用目的驱使下,可以装饰和美化空间的环境小品之一。装饰雕塑主要可以应用于以下3种室内空间:公共流动空间、公共娱乐空间和个人居家空间。

图2.6　大学城内喷泉水景　　　图2.7　商业建筑内涌泉水景　　　图2.8　微软广场内跌水

（1）公共流动空间　多为通行空间,人流量大,因此也是展现一个城市或地区人文精神风貌的重要场所。对于这种空间的装饰雕塑,要注意选取能够代表该地区自然或人文特色的装饰雕塑(图2.9—图2.11)。

图2.9　呼家楼地铁站雕塑　　　图2.10　武汉天河机场内铸铜雕塑　　　图2.11　商业建筑内人形雕塑

（2）公共娱乐空间　装饰雕塑以小型为主,一方面具有流行文化和时尚特征,另一方面又具有较强的特色艺术表现形式,以突出所在场所的功能性和独创性,使广大人民群众在消费和娱乐的同时获得艺术享受(图2.12—图2.14)。

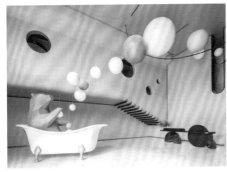

图2.12　展厅小熊雕塑　　　图2.13　画廊小熊雕塑　　　图2.14　公共空间球形雕塑

（3）个人居家空间　装饰雕塑已成为现代家居装饰中重要的一部分，受主人艺术审美品位不同的影响而丰富多样，同时也会受到室内装修风格的影响（图2.15）。

图2.15　家居雕塑

3）室内灯具

灯具是室内空间设计中不可缺少的元素，灯具的种类丰富多样，根据灯的安装方式可以分为嵌入灯、吸顶灯、吊灯、壁灯、可移式灯、落地灯、台灯和轨道灯等（图2.16）。根据发光形式可以分为全部漫射、向下漫射和向下投射3种。在灯具的设计中，造型、材质、色彩是最重要的三大元素。

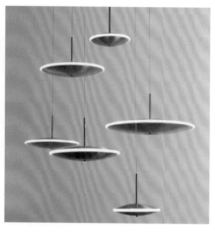
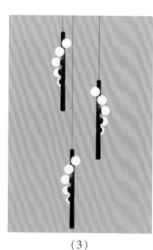

（3）

图2.16　室内灯具

【案例2.1】　图2.17是西班牙设计公司Arturo Álvarez设计的Aimei灯具，灯具由白蜡木制成，质地柔韧，呈现出弯曲的形态，可以从不同的角度散发出光线。

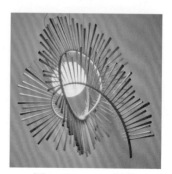

图2.17　Aimei 灯具

【案例2.2】 图2.18是MartínAzúa设计的系列灯具，极细黑色边框的金属容器中容纳着小小的光源。系列灯具金属框有三种尺寸。灯具可以三两组合放置在餐桌、柜台、接待处、会议桌等场所的上方，可以营造出充满个性、温暖柔和的照明空间。

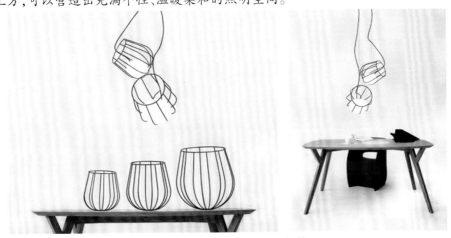

图2.18 Martín Azúa系列灯具

2.1.2 室外环境小品

室外环境小品按照所处的位置不同可以划分为住宅环境小品、街道环境小品、商业环境小品、绿地公园环境小品、乡建文旅环境小品等。简言之，处于不同空间位置的环境小品为不同艺术特色的环境空间的创造起到画龙点睛的作用。在不同地理位置、不同空间环境下，环境小品各自具有不同的特点。

1) 住宅环境小品

住宅环境小品主要适应不同类型业主的娱乐、休息、交往、漫步的需求，设置包括亭、廊、汀步等环境小品以满足其需求；类型多样的各类硬质铺装，满足交通和健身需要；满足老人健身和儿童娱乐，如健身器械、儿童游乐设施等。

【案例2.3】 图2.19是由山水比德设计的位于重庆的领地·观云府住宅内的螺旋式廊桥，围绕着星云雕塑逐步下沉，与重庆的魔幻地形相呼应，形成具有未来感的社区景观。

图2.19 重庆领地·观云府廊桥

【案例2.4】 图2.20、图2.21是怡境设计的位于广州的保利拾·光住宅内的雕塑"逐光"，犹如无声无息飘逸的风，是整个前场景观的高潮。

图2.20　保利拾·光住宅内雕塑"逐光"

图2.21　保利拾·光住宅铺装

2）街道环境小品

街道景观是街道设施小品与周围环境的结合体。街道环境小品包括树木、草地、水景、路灯、标识牌、候车亭等。由于街道人流量较大，环境小品需要满足行人休息、社交、游憩的需求；同时，街道环境小品的风格也会与所在街道的风格相呼应：历史传统街道多采用古色古香或是新中式风格的环境小品，现代发达的街道多采用富有创意、极具艺术设计感的或是简约大气的环境小品。

【案例2.5】　图2.22是成都太古里街区内的一组雕塑，主体是巴蜀地区传统的木架结构。成都远洋太古里的环境小品设计秉持"以现代诠释传统"的设计理念，将成都的文化精神注入建筑群落之中，点点滴滴的地域特色都将在房屋、街巷、广场——呈现。

【案例2.6】　图2.23是韩国光州"我爱街道"项目，设计团队通过与光州当地的小学合作，了解了一系列孩子们对街道的需要，并为他们营造出了不同的路面铺装形式，身处其中可以休息、绘画、跳蹦床、戏水、阅读、社交等，满足孩子们对于街道的美好憧憬。

图2.22　太古里环境小品

图2.23　韩国光州"我爱街道"

3）商业环境小品

商业小品形式多样，既有能为商业街增添商业、文化氛围的艺术装置环境小品，也有能为行人提供休憩的功能性小品，例如座椅、垃圾桶、售卖亭等。商业小品通常是某商业IP形象，与商业文化主题相呼应。其设计手法大胆、新颖，充满艺术性。目的是吸引游客，带来商业价值。

【案例2.7】　图2.24是位于西安中大国际商业中心的艺术雕塑"Hello！"，小熊一手扶着墙，歪曲着身子，探出大圆脑袋与进出商场的人打着招呼，仿佛在打着招呼"say，hello"，颜色上选用与企业logo同样的颜色，整个姿态造型主要与主入口结合在一起，作品被关注的同时，品牌也一起被关注。雕塑的几何切面造型，既现代科技感十足，又与建筑造型交相辉映。巨大的尺度以及造型中面与面之间的转换，让色彩在随着时间的光线不同而产生丰富的变化。

图2.24　西安中大国际商业中心外雕塑"Hello！"

【案例2.8】　图2.25是位于上海大宁国际商业综合体前的一个创意性的公共装置——Paint Drop。它从视觉上连接了主广场和新开业的零售店，在带来引人注目的空间的同时，更通过一系列色彩缤纷的、"飞溅"的油漆点来吸引周围的顾客。该装置是由8个反垂曲线形拱体组成的系统，这些拱形结构沿着设计好的路径相互连接，看上去就像是从高空滴落的油漆。拱形结构与地面连接的地方会形成一个巨大的滴溅色块，设计师将座椅和休息区设置在这里，从而为装置赋予了功能性。地面上的沉浸式图案更进一步增强了游客的体验。

图2.25　上海Paint Drop装置

4）绿地公园环境小品

绿地或公园内的环境小品多为座椅、垃圾桶、指示牌、廊架、景观桥等，它们不同于商业综合体或是街道内小品对于艺术性和商业性的要求，绿地公园内的环境小品的最主要功能是满足游客被引导、休憩、社交、游玩的需求。因此设计时需要注意两点：一是满足人体工学，游客在使用时要能体验到舒适性;二是地点选择的合理性,座椅、廊架等休息类小品应放在较为隐蔽的地点,而指示牌、垃圾桶等小品应放在道路交叉口、人流量大的区域。

【案例2.9】 水上漂艺术走廊(图2.26)位于周口万达芙蓉湖生态城市公园中,公园设计了多种多样的全年龄的社交场所,提供实现幸福美好生活的城市公共开放空间。以生态为主题,沿湖种植芦苇、香蒲、菖蒲,设计架空栈道。穿行于湿地植物区,体会公园良好的生态环境和生物多样性。孩子们在自然中学习和观察世界,这里同时也是青少年户外教育基地。伞状结构具有避雨、排水以及雨水收集的作用。

图2.26　水上漂艺术走廊

【案例2.10】 图2.27是卢维特公园内一个1 760平方英尺(163.504 m²)的多功能方舱,它由一系列表面有细孔的镀锌等边三角形钢板相连而成。它折角的形式取材于周围山峰、美洲原住民的板房和河上垂钓平台。方舱整体是钢架结构,为野餐聚会或夏季音乐会提供了一个灵活的空间。

图2.27　卢维特公园"方舱"休息亭

2.2　按艺术形式分类

2.2.1　具象环境小品

具象环境小品是环境小品设计中较为常用的一种艺术表现形式。这些环境小品具有形式多样的生物形态特征,能够给人们带来无限的启迪和遐想。在环境小品的形式设计过程中,一般是根据生物的形态、功能、结构、肌理、色彩和意象等进行模拟和再创造。

具象环境小品具有以下几个特点:

①设计语言写实或者再现客观对象,比如写实的人物、动物等造型的指示牌、垃圾桶、装置雕塑等(图2.28、图2.29);

图2.28　户外仙鹤雕塑　　　　图2.29　东南大学校园人物雕塑

②设计语言清晰,设计语言明确地表达出设计师的设计构思,增强其可识别性;

③具有纯观赏性,容易与观赏者沟通,设计语言直接简洁,不易引起误解;

④在满足使用功能的基础上适当夸张,使环境小品的形象更具有典型性。

具象环境小品主要应用于以下类型的场地:

1)主题公园

主题公园环境小品一般由该主题的 IP 人物和主题场景组成,有很强的主题性。

【案例2.11】　以迪士尼乐园为例,作为全球最知名的主题公园,迪士尼乐园内的所有小品均为迪士尼动画中人物和场景的具象化设计。图2.30——图2.32是迪士尼乐园内的雕塑和指示牌,设计灵感来源于迪士尼公司的 IP 人物或动物形象。灯具设计也是乐园夜景组成的重中之重、乐园中的一大亮点,它们不仅满足基本照明的功能,同时还能进行情景照明,烘托气氛,塑造不同的主题。

图2.30　迪士尼乐园雕塑

图2.31　迪士尼乐园指示牌

图2.32　迪士尼乐园装置小品

【案例 2.12】　图 2.33 是好莱坞环球影城入口处的标志性雕塑，等比例还原的世界地图配上环球影视的 logo，是整个景区必去的打卡拍照处。而图 2.34 所示的拥有卡通动画元素造型和色彩的售卖亭也独具特色，完美融入主题公园中。图 2.35 所示的乐高乐园的大门也是运用乐高玩具的形状设计的，醒目而独特，充分彰显了公园主题。

图 2.33　环球影城雕塑

图 2.34　环球影城售卖亭

图 2.35　乐高乐园大门

2）地产示范区

考虑到儿童群体对于场地的使用需求，以及近几年地产示范区中的"网红打卡胜地"频频涌现，体量大、颜色丰富且饱和度高的具象小品雕塑或互动装置成为不可或缺的点睛之景。

【案例 2.13】　图 2.36 是金地中核售楼处中的一组互动装置，当人步行经过触到开关后，景观墙上的蝴蝶会闪动起来，产生不同的光影效果，使人仿佛进入了充满青草香的伊甸园，化身为丛林里的小精灵。

图 2.36　蝴蝶装置小品

【案例 2.14】　图 2.37 是上海金地·酩悦都会示范区的主题 IP 衍生的装置小品"白象"，白象在上海话中音同"玩吧"。设计师以折纸的表现手法再现大象外形，每部空间融入了多种能够触发孩子们认知智能的体验装置。

【案例2.15】 图2.38是山东旭辉银盛泰·铂悦灵犀湾里的白鲸水景雕塑,跌级台阶布置了互动装置,儿童和成人可以操作灯光的变化,仿佛是一场海底冒险,也是景观与科技结合的呈现。

图2.37 白象装置小品　　　　　图2.38 白鲸水景雕塑

【案例2.16】 图2.39是华侨城万科·世纪水岸内的一个花瓣造型互动水帘,于水岸间蜿蜒屈伸,正肆意地展现大自然的纯粹魅力,传达出无拘无束的空间意境。灯光装置艺术的介入,使环境具有亲和力,营造公共氛围,变得丰富有趣,使人们得到了更多的艺术享受。

图2.39 万科世纪水岸内互动水帘

3)商业综合体

商业综合体中常常选用具象的环境小品来打造吸睛的地标性景观,具象元素的提取灵感通常源于对设计区块历史脉络、物产风貌、民俗文化的挖掘。

【案例2.17】 图2.40的大熊猫雕塑,位于成都市中心春熙路国际金融中心,该雕塑由艺术家Lawrence Argent 设计,既充满四川元素,也体现出成都人民对大熊猫的喜爱,该景点成为成都旅游的必选之地。

图 2.40   春熙路熊猫雕塑

【案例 2.18】   图 2.41 为上海龙湖星悦荟商业社区的水景,该方案以时光为主题,根据不同的年龄人群,对空间进行划分,在"鱼戏间"设计中,一条蜿蜒的游鱼水景,把人们从入口引入到了商业街的核心地区。池底印刻着游鱼和涟漪的艺术化图案,勾起人们对旧时光的回忆。水景也在传统旱喷基础上增加了微地形,增强了孩童玩耍的乐趣。

【案例 2.19】   图 2.42 是上海大宁商业广场上的一个拼图游乐装置——Puzzle Maze,是一个基于新一代舞蹈游戏创建的灯光和音乐响应平台,每次有人踩下时便会触发灯光闪烁和音乐钢琴音调。该装置旨在促进互动、吸引顾客,增强户外零售街道中私有公共空间的体验。

图 2.41   龙湖星悦荟商水景   图 2.42   上海大宁商业广场

【案例 2.20】   图 2.43、图 2.44 是广东佛山保利梦工厂·电竞文创产业中心广场的两座雕塑,设计师认为场地需要一个有话题性、能体现电竞的 IP 元素的雕塑。雕塑家叶正华先生选择了红色的冲浪象与场地完美结合(图 2.43)。同时,场地中央设置了蓝色的竞技象(图 2.44),象征着电竞中的对抗,也是场地另外一个主题 IP。设计将主题雕塑通过黄色飘带与 HIGH PARK 场地联系起来,让电竞的心情躁动起来,在蓝色竞技之象的鼻子与尾巴的部位设置有传声筒,充分地增加了场地的趣味性与参与感。

图2.43　保利电竞文创产业中心"冲浪象"雕塑　　图2.44　保利电竞文创产业中心"竞技象"雕塑

2.2.2　抽象环境小品

　　抽象环境小品相对于具象环境小品而言,设计语言更具有艺术性和强烈的视觉冲击与震撼力,通常利用点、线、面等抽象符号加以组合,很容易抓住人们的视线,成为视觉焦点。一般而言,抽象环境小品从基本构成到表现方式,从造型到色彩、材质、肌理效果等方面都较为突出,能起到活跃环境气氛,增强环境情趣和丰富空间的作用。

1)"点"元素环境小品

　　点是线的收缩、面的聚集;它是视觉的中心,具有集中视线的作用,也有在空间中确定位置的作用;从点的情态上说,点具有跳跃感,能使画面具有动感,不同的排列与大小可以表达丰富的设计语言。运用点的聚集性及焦点特性,一个点或者几个聚集的点可以形成视觉的焦点和中心,突出视觉上的强调。

【案例2.21】　图2.45是法国La Grande Motte码头前的一组灯具装置"Sensual Wave",由一排白色灯笼串联而成,连接了两个码头,它是点构成在环境小品中的运用,微风拂过时轻轻晃动,仿佛在和海水嬉戏。

图2.45　法国"Sensual Wave"灯具小品

【案例2.22】　图2.46是西班牙Indautxu广场,设计师在广场中间画了一个直径40 m的大圈,并用一圈半透明的玻璃廊架包围,圈内的空间可作为书籍展览、美食展览、艺术展览等公共活动的空间。圈外的广场空间满满地点缀上了大小不一的圆形树池,树池内散落着一些可以休憩的座椅和灯具。

图 2.46　西班牙 Indautxu 广场

2)"线"元素环境小品

极薄的平面相互接触时形成线,曲面相交形成曲线。它可以体现物体的轮廓、质感和明暗。从形态上看,可分为直线和曲线,直线给人严谨的秩序感与严肃感;曲线给人随意、柔软、明快的感觉。从排列上看,不同方向、间距、长短、粗细可以产生不同效果。具体有:

(1)空间感　通过线的不同组合,可以产生空间感与人的不同心理反应。

(2)动感　线可以通过组成几何图形和不同视角的观察造成运动感。

【案例2.23】　图2.47、图2.48是湘江西岸的商业旅游景观带,在岸线的设计上,首要考虑的是水位的变化对岸线的影响。根据历年湘江的水位变化情况,设计团队将原有的单一岸线改造为三个层次的岸线空间体系,在丰富高差变化的同时,增进人与水的关系。

图 2.47　湘江西岸商业旅游景观带　　　　图 2.48　三个层次的岸线空间

【案例2.24】　图2.49、图2.50是郑州万科星光广场,整个广场的景观设计多次运用了"折线"这一元素:折线的场地铺装、折线形的景观座椅,配上鲜亮的橙色使整个场地充满动感与活力。

图2.49　郑州万科星光广场

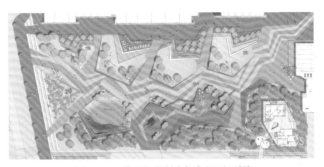

图2.50　郑州万科星光广场平面图

3)"面"元素环境小品

一维的线向二维伸展就形成了一个面,从功能上看,面具有分割空间的作用;从形态上看,面可以分为几何形与自由型,其产生的效果也不同。几何的面具有逻辑性,自由的面很随性,有艺术感。从视觉效果上看,可以产生几种不同的效果。

【案例2.25】　图2.51是美国景观设计师玛莎·施瓦茨为美国华盛顿所做的行政中心广场景观设计,其中利用抽象的圆环作为基本形态,构成环境小品主景观,给人强烈的视觉影响力。夜景利用灯光更产生一种神秘的视觉效果。

【案例2.26】　图2.52是都柏林运河广场,设计特色是由剧院延伸出的"红地毯"铺装码头,穿过草地和植被组成的棋盘。红地毯是由红色的树脂玻璃和红色植被组成的。由多边形绿植所组成的地毯,提供了足够的座椅,穿过广场,连接新建的饭店和办公开发区域。

图2.51　华盛顿行政中心环境小品

图2.52　都柏林运河广场

2.3　按功能分类

2.3.1　装饰类环境小品

装饰类环境小品一般指本身没有实用性而纯粹作为观赏性的,但具有强烈的精神功能的环境小品。好的装饰类环境小品可以带给人们视觉的美感,激发美的情趣、美的联想。同时还可以丰富空间环境,渲染环境氛围,增强空间趣味,陶冶情操,愉悦身心,使人得到美的享受,在环境中表现强烈的观赏性和装饰性。装饰类环境小品包括雕塑、景墙、景窗、假山置石、花坛、树池等(图2.53—图2.60)。

图 2.53　构筑物

图 2.54　山体雕塑

图 2.55　雕塑

图 2.56　景墙

图 2.57　滨水雕塑

图 2.58　滨水雕塑

图2.59　商业雕塑

图2.60　建筑雕塑

装饰类环境小品在环境中通过放射性的空间场心理空间,表现出强烈的观赏性和装饰性。装饰类环境小品的设计和设置需要注意:

①主题是否和所放置的环境整体氛围相一致;造型方法是否符合形式美的原则。

②环境小品的文化内涵是否为所处环境创造出恰当的文化氛围等因素,以此来提高整体环境的精神品位。

③装饰类环境小品设计应遵循人性化的设计原则,以适应人体结构构造和人体行为尺度,设计舒适与美观兼具的小品。

1)雕塑类装饰环境小品

雕塑环境小品在整体城市环境中扮演点缀和搭配的角色,是最贴近大众生活、最能细细品味的艺术形式。雕塑小品与环境可以相互映衬,美化人们的心灵,陶冶人们的情操。同时赋予所处环境鲜明而生动的主题。

就雕塑本身而言,它是造型艺术之一,是雕刻和塑造的总称。以可塑的(如土、油泥等)或可雕刻的(如金属、木、石等)材料制作出各种具有实在体积的形象。雕塑环境小品是一种具有强烈感染力的造型艺术,通过用传统的雕塑手法,在石、木、泥、金属等材料上直接创作,以反映历史、文化、思想和追求的公共艺术品。

雕塑环境小品按照题材可分为人物雕塑、动物雕塑、抽象性雕塑和冰雪雕塑等基本形式。不同的雕塑环境小品可以演绎出其所处的环境独特的精神内涵和艺术魅力。

在具有一定历史的城市公共空间中,为增进公共空间的人文内涵与艺术品位,通过合理的规划和科学的设计,设立一些具有公共精神和时代审美意义的公共环境小品,诸如系列雕塑、水体、壁画、地景设计,永久性或短期陈设的装置艺术品和建筑小品等,使市民在自然和艺术中得到滋养和陶冶。

【案例2.27】　如图2.61所示,这是位于上海的公共雕塑环境小品。通过模拟细胞生长的泰森多边形算法,设计师以参数化的方式,运用秸秆板、钢材、LED灯这样简易而环保的物质搭建了与抽象的环保观念之间微妙而贴切的桥梁。人们在此间游走、落座、参与活动,如同置身生机勃勃的细胞内部,交往、合作、描绘未来。

图2.61　上海生命粒-青未来雕塑

　　环境小品设计的艺术品位,正是其景观的组构形式和精神内涵的永久魅力之所在。环境小品通过本身的造型、质地、色彩与肌理向人们展示其形象特征,表达某种情感。同时也反映特定的社会、地域、民俗的审美情趣。

【案例2.28】　如图2.62所示的雕塑位于郑州正弘城的标志性入口,雕塑高7.8 m,宽9.8 m。"天地之间"作为参考点,定位我们自身的冥想体验。流动而静止、狂暴而沉默、强大而温柔、厚重而轻盈,将这些明显的对立特征统一为一种独特的雕塑形式,打开空间,使之与我们人类经历最深层的本质相一致,那就是超越对立、非二元的现实本质。雕塑由UAP锻造的不锈钢制成,复杂的曲线经过专业的加工,保证了流畅的线条和整个作品毫无缝隙的流动感。

图2.62　郑州"天地之间"雕塑

自然环境、建筑风格、社会风尚、生活方式、文化心理、审美情趣、民俗传统、宗教信仰等诸多要素构成了地方文化的独特内涵。环境小品也是这些内涵的综合体。它的创造过程就是这些内涵的不断提纯与演绎的过程。环境小品因周围的文化背景和地域特征不同而呈现出不同的建筑风格，并与本地区的文化背景相呼应而呈现出不同的风格。

2) 景墙类装饰环境小品

景墙是城市空间中用来划分空间、组织景色、衬托景物、装饰美化或安排导游而布置的围墙，能够反映出城市、公园、小区的文化，兼有美观、隔断、通透作用的景观墙体。景墙的形式也多种多样，一般根据材料、断面的不同，有高矮、曲直、虚实、光洁、粗糙、有檐无檐等形式。景墙既要美观，又要坚固耐久。常用材料有砖、混凝土、花格围墙、石墙、铁花格围墙等。景观常将这些墙巧妙地组合与变化，并结合树、石、建筑、花木等其他因素，以及墙上的漏窗、门洞的巧妙处理，形成空间有序、富有层次、虚实相间、明暗变化的静观效果。

【案例2.29】　如图2.63所示，设计运用混凝土、石材、涂料、U玻、金属等材质多层次组成景墙景观，景观墙体通过艺术创作产生触感上的肌理感，又通过有序的分割将光与影带入到空间中，赋予空间丰富的层次和变化，形成一种素雅与灵动的乐章。流动的空气与光的波长渲染出景观空间，可观可游，让空间生动而有趣，景墙设计中几何的点与线，平衡的组合关系，形态富于张力又与自然平静契合。空间中有着明显可循的秩序与对称，视线经过景墙的引导与暗示，通过藏与透、隐与显的景墙设计手法，在富于演绎感的空间里环环相扣，感受在变化的空间中流动着的苏式气韵。

图2.63　某小区景墙

3) 景窗类装饰环境小品

景窗是一种园林建筑中满格的装饰性透空窗，外观为不封闭的空窗，窗洞内装饰着各种漏空图案，透过景窗可隐约看到窗外景物。景窗是古典园林中独特的建筑形式，也是构成园林景观的一种建筑艺术处理工艺，通常作为园墙上的装饰小品，多在走廊上成排出现，江南宅园中应用很多。

曾有学者在研究园林美学时将园林中的窗分为花窗、漏窗、空窗三种：屋宇外檐装饰镂纹的木窗为花窗；砖墙上开辟只有窗框没有窗芯的窗为空窗；同在墙上开辟布满纹样图案的窗为漏窗。这三种窗都具备景观属性，可以统称为景窗。

景窗由外框、窗框、窗芯、边条组成，一般设立在园林的砖墙上，不做遮挡，不具备窗户的开合功能。景窗在园林中主要起装饰与通风作用,它的框窗形式有圆形、方形、六角形、八角形、海棠纹、葫芦形等多种。空窗形式的景窗只开设窗洞,没有窗芯,是文人园林中框窗借景的典型形式。

　　文人的审美意识对框窗借景影响最深,所以文人常常将窗框比作画框,空窗观景又如同赏画。漏窗形式的景窗窗框外形与空窗一致,但漏窗有窗芯镂空花纹,在保障观赏者视线不受阻挡的同时,可以隐约看见窗外的景观。漏窗的图案与窗外的景观形成半遮半露的掩映空间,以遮隔的方式增加景观深度,通过视觉空间的拓展产生"亏蔽景深"的效果。漏窗的窗芯纹样丰富,有九子纹、已字纹、海棠纹、如意纹等不同样式,不同的窗芯纹样有不同的原型象征,代表不同的文化意象。

　　如图 2.64 所示为传统景窗设计,景窗使墙面上产生虚实的变化,也使两侧相邻空间似隔非隔,景物若隐若现,富于层次,并具有"避外隐内"的意味。用于面积小的园林,可以免除小空间的闭塞感,增加空间层次,做到小中见大。景窗本身的花纹图案在不同角度的光线照射下,会产生富有变化的阴影,成为点缀园景的活泼题材。

图 2.64　景窗类装饰景观

　　如图 2.65 为现代景窗设计,设计以现代、简洁的建筑语言结合传统中国园林意境为出发点,利用景墙将建筑与景观巧妙、有机地结合起来。立面材料用清水混凝土与玻璃幕墙进行对比,凸显简洁现代的建筑风格。

4) 其他装饰类环境小品

　　其他装饰类环境小品包括花坛、树池等小体量环境小品,在整体城市环境中扮演点缀和搭配的角色,如花池、绿地、雕塑、装置艺术等。

图 2.65 某现代景窗

在街道两旁、花间林下设置一处古朴的花池,顿时会创造一处幽静的景点;在商业街设计现代化的花池,造型各异的花池则形成了一个个街道风景,街道在灵活的花池中展现出丰富的韵律感,并创造出独特的景观视野。绿化与建筑物和谐搭配在一起不仅可以获得优美的景观效果,还可以突出建筑单体所达不到的效果。这类小品在满足使用功能的前提下往往造型别致,形式多样灵活(图 2.66)。

图 2.66 某街头移动花池

装置艺术是一种区别于传统架上艺术,强调观念,需要结合周围环境,把观众融入其中产生互动的艺术形式。它是指艺术家在特定的时空环境里,将人类日常生活中的已消费或未消费过的物质文化实体进行艺术性地有效选择、利用、改造、组合,以令其演绎出新的展示个体或群体丰富的精神文化意蕴的艺术形态。它的核心设计理念是"观念为先",是"场地 + 材料 + 情感"的综合展示艺术。装置艺术是紧紧依靠着环境而存在的,它的出现需要艺术家创造出特定的环境来安置它,脱离了环境,它想要表达的视觉和精神意义将会受到很大影响。

【案例 2.30】 "鹿"总是以高贵的身份出现在人们的视野里,它是充满灵气的动物,也是摄影师画镜里跳跃的精灵。在重庆南滨路长嘉汇老街,用一组鹿的装置艺术来喜迎宾客。它们不是以常规的方式在地上奔跑,而是飞到了天上,飞上屋顶,伴着月光,就像"精灵"一样神秘;在不同的时段,比如圣诞节,它们又像圣诞老人的麋鹿,能带给环境童话般的色彩。这些精灵是商业空间最重要的记忆,也是环境强烈的指引,它们贯穿了这条有百年文化的老街,用当代的方式与过去对话,意境深远,引人遐想(图 2.67)。

图2.67　重庆某屋顶的精灵艺术装置

2.3.2　服务类环境小品

　　服务类环境小品主要是指以服务为主要功能,兼具景观功能的小品。主要包括交通服务类环境小品、休息服务类环境小品、信息服务类环境小品、大门服务类环境小品和其他服务类环境小品。

1)交通服务类环境小品

　　交通服务类环境小品以交通安全为目的,解决和满足城市中车辆停靠、停放、收费以及行人上下车等交通需要的环境小品。例如候车廊、候车厅、无障碍设施、交通岗亭、地铁出入口、加油站等(图2.68、图2.69)。

　　针对候车设施而言,它是供公共汽车停靠和乘客转车使用的设施。候车的人一般流动较大,且停留时间不长,因此设计时应考虑以满足基本功能为主,在造型、材质、色彩等运用上要注意其识别性,不宜太复杂。候车设施一般由站牌、站台、座椅、防护栏、支柱、顶盖、照明灯具等组成,以满足其防雨、防晒、阻拦的作用。

图2.68　某候车亭

图2.69　某候车亭

2)休息服务类环境小品

　　休息服务类环境小品用于辅助人们出行,为人们聊天、游戏、交往、读书、观赏风景、歇脚等提供某种便利和必不可少的服务设备,不仅帮助人们恢复体力,也使人们精神、情绪上得到一定的放松。因此,休息服务类环境小品是场所功能性以及环境质量的重要体现。其中,座椅是室外环境中分布最广、使用频率最高的环境小品,它满足人们休息和交流的基本生理需求。只有创造良好舒适的条件才会使得人们驻足停留休息,否则人们就会侧目而过,因而在设计上需要遵循人体工程学及行为心理学的基本原理与基本规则。

　　例如处于现代商业中心的座椅,其形态需要具有现代气息。造型简洁、时尚,由抽象的直线、曲线等构成的或柔和丰满,或流畅或婉转曲折的和谐生动的座椅。在古色古香的步行街,其座椅的造型需要考虑与周围古典建筑相互呼应,形神兼备,完美结合,别有神韵,从而取得变化多样的艺术效果。在办公环境或者学校的座椅则更多考虑交往、谈论的功能(图2.70)。

图2.70　某候车亭座椅

图2.71　红砖座椅

【案例2.31】　如图2.71所示,是位于新华1949文化金融与创新产业园的一组红砖座椅,该项目"以文化的名义重新定义场景"为设计理念,从发掘场地特征出发,采用拼图设计的方式,将灰砖、红砖、锈板等不同质感的延续性材料和汀步、石块、青砖等拆除性材料,通过平铺、立铺、倒置、抬升、悬空等多种方式组合、拼接与重构,这些不同质感、肌理、色彩甚至不同历史时期的材料和物件,在大树、建筑的光影变化中,产生了交融和碰撞,建成后新旧之间不仅无明显的分裂感,而是和谐地把原场地的文化气质明晰出来,呈现一个更具深厚文化内涵的创意艺术园区。

【案例2.32】　图2.72是青海原子弹纪念园的设计,由清华大学朱育帆教授设计。为了纪念青海金银滩221厂对中国原子弹自主研制的贡献,于2006年立项建设青海原子弹"国家级爱国主义教育示范基地纪念园"。园区内的休息座椅设置得很有特色,不仅满足人们休息的功能,而且也使得或休息或行走的人们产生静思、怀古的情感。

图2.72　青海原子弹纪念园座椅

图2.73　旋转户外家具

【案例2.33】　著名建筑师扎哈·哈迪德设计的旋转户外家具(图2.73),在表达上非常柔和,这个环境小品以一种弹性的触觉形式,优雅地向各个方向延伸,孔洞大小的差异为不同的使用者提供了各种体验的可能性。可以游戏,可以休息,同时与周围的城市景观相比,这个家具充满着节奏与不对称性,是一种由曲线美联系起来的复杂形式,与周边的环境形成鲜明对比。

3)信息服务类环境小品

城市生活中的人们很多时候是出行、寻找、到达的一个过程,那么,信息服务类环境小品作为传达信息的媒介,对于整治交通、传达商品信息,为提高人们生活品质发挥着积极作用。信息服务类环境小品有标志牌、路标等。

信息服务类环境小品通常各自独立设置,倘若数量过多,容易产生杂乱景观,对于城市空间环境的塑造带来消极影响。只有经过精心设计,并对所在环境进行严格规划后设置的信息服务类环境小品才会给城市营造生动活泼、丰富多彩的氛围。

标志牌是指明方向的牌子(图2.74、图2.75),也叫指示牌或广告牌等,具有为人们提供方向的引导、指示、示意等方面的作用。其中导向性是信息服务类环境小品的主要功能,迅速传递信息、明确无误以便人们做出快捷的判断;示意性涵盖了建筑及周边环境的标识,包括各种商店、超市、商业街的标识、文化馆、美术馆、展览馆、博物馆以及各类观演建筑环境标识等。我们可以看出,信息服务类环境小品具有多向性。

图2.74　某标志牌

图2.75　某道路标志牌

在美国、日本等国家的一些城市中有许多信息类的环境小品设计成功案例。例如美国亚特兰大(Atlanta)城市中的公共汽车、地铁等综合交通系统完全使用统一的路标,为乘客提供极大的方便。日本一些城市在路口的大型LED屏上不仅为驾驶员提供附近停车场的位置标识,而且还有剩余停车位信息,从而大大减少了驾驶员盲目停车的烦恼。此外日本还考虑到"无障碍"(barrier-free)设计,有一些无障碍标识系统采用以不同音乐的方式提醒盲人红绿灯(Traffic lights)的变化状态,还有采用在行人信号灯旁设置刻有点子的筒子设施来帮助盲人辨别方向。这些都是人性化设计,在细节处体现设计对人的关怀。

环境小品设计体现对人的尊重,对人的关爱,这是设计的宗旨。不仅如此,环境小品的景观性和装饰性也是每一个环境小品都有的共性。小到一个指示牌,如果没有适当的艺术设计,它只是功能的实现与完成,是一种简陋的状态,因而使用者仅仅获得了物质的满足,缺失了精神的享受。只有经过设计师精心考量,结合放置的环境才能体现出环境小品的精华所在,才能使得人们游走在城市中,不仅得到物质的满足,同时也使心灵得到美的享受,真正地在城市的环境小品设计中体会到应该享受到的优质生活。

4）大门服务类环境小品

大门常常作为公园、景区的入口景观,其位置的特殊性使得大门具有良好的标识作用,其形象的设计为全园景观风貌定下了基调。因此,大门的设计非常重要。大门的形象设计,应具有良好的外观以体现公园个性,具有吸引力的同时美化城市环境(图2.76)。

图2.76　大门

大门的建筑风格应与公园特性和建筑艺术的基本格调一致。所以大门设计既要考虑艺术的独立性,又要与全园的建筑风格一致。大门建筑风格可以分为中国古典风格、西方古典风格和现代风格。如果公园历史背景悠久或建筑古迹较多,大门宜顺应园内景致,采用中国古典风格,既从美学上和谐统一,又富有文化气息。现代风格的大门设计则应摆脱传统建筑里思想的束缚,更加开放和自由,但应避免追求"新、奇、特"而脱离周围环境和正常尺度。因此,仍然需要把握大门建筑风格和公园整体特色的关系,营造协调统一的游憩环境。

大门的结构包括门柱、门扉和门顶三部分。在开阔的广场上设计开放式大门,则空间界限会显得很微弱,营造出开放的空间氛围;封闭式大门通过对比手法,也能增加空间的开阔感。例如利用屋宇式大门进深深的特点,让游客先进入狭窄昏暗的空间,一旦离开大门进入广场,则有豁然开朗的感觉。

大门设计应以人为尺度标准。大门中与人关系最为密切的是人们经常接触和使用的部分,即门扉打开后形成的门洞,门洞的尺寸应能够保持高峰时期人的通行。门洞以外的部分可以认为是大门的装饰部分,装饰部分的尺度可以根据景观效果为设计标准。

5）其他服务类环境小品

服务类的环境小品直接影响环境质量和人们生活的环境。例如垃圾箱、饮水器、洗手器、报刊亭等。整体而言,这类环境小品可以认为是一个地区、一个国家的文明程度的标志之一,直接关系到空间环境的质量和人们的生活品质。在此类环境小品设计中应该考虑到人们使用的方便性与易清理性。

饮水器和洗手器的设计,可结合景区主题,设计成不同风格。例如古典风格的景区可采用竹制材料,设计传统又生态的饮水器;现代的景区可采用钢制材料,结合人体工程学,设计便利又科技感十足的服务类环境小品。

垃圾箱(图2.77)是环境中不可缺少的设施,能有效保护环境和清洁卫生。在形态设计方面需要注意,应利于投放垃圾和防止气味外溢,同时,应注意与环境协调。例如分类垃圾箱,将干湿垃圾分类投放,不同种类的垃圾分类处理,时尚又环保。

图2.77　垃圾桶

报刊亭多位于车站、路口等人多的地方。报刊亭作为景观的构成要素,其外观设计应符合地方发展的地域特征,以人为本,重视报刊亭的功能效应。现代报刊亭通常集书报售卖、信息查询、金融服务于一体。报刊亭的外形设计应遵循对称与均衡,对比与调和等原则。例如外形设计可以通过多种钢架结构,表现报刊亭外观虚与实的对比。透空等虚的部分给人以轻巧、通透感;实的部分通常体现出报刊亭重点要表现的主题,给人以厚重、封闭感。虚实相生,能使形体表现更为丰富。

2.3.3　游憩类环境小品

游憩类环境小品是为了满足不同年龄阶段和文化层次人群的游憩、休闲、嬉戏、锻炼需要而设置的。包括景亭、花架(廊架)、景观桥、亲水平台(含栈道)以及各类儿童游乐设施、体育运动设施和健身设施等。

这类环境小品深受人们喜爱。例如儿童游乐小品如游戏器械、沙坑等,不仅有利于儿童在玩乐的时候学会与人相处,培养儿童的公共意识,还可以促进亲子关系、培养感情。

【案例2.34】　如图2.78所示,该环境小品将凸起的小丘、阶梯、座椅、铺装与水池结合起来,吸引儿童和家长参与其中,满足了人们亲水的天性,提供游人娱乐玩耍的需要,大大提高了景观活力。

图2.78　某儿童游乐小品

1）景亭游憩类环境小品

景观亭是典型的游憩类环境小品，在景观中使用范围广，使用频率高。景亭是建筑中最基础的形式，亭的种类众多，应用广泛，并且千姿百态，在园林中的作用亦是越来越重要。景亭在类型、架构、风格以及细节上都在不断发展和丰富。

景亭的种类众多，灵活多样。

（1）中国传统景亭　中国传统景亭的类型可以按照屋顶的形式和平面的形式区分。按照景亭屋顶的形式主要分为歇山顶、悬山顶、硬山顶、攒尖顶、盝顶等；按照平面形式大体上可以分为单独的几何形式和组合形式，几何形式通常包括三角形、正四边形、矩形、正五边形、正六边形、正八边形、圆形等；组合形式是几何形式的叠加，可以是十字形、凸字形、套方形、双环形。

（2）现代景亭　现代景亭的发展可以说是多元化的，在继承中发展本国传统景亭的营造方式，合理地吸收西方景亭的营造方式，并运用现代新技术、新材料等一系列现代艺术形式来营造景亭。对于现代新型景亭可大体上分为新中式、新古典主义和简约式。

（3）景亭材质　景亭主体结构的材质大致可以分为木材、竹材和石材，其中木材最为常用。在景亭的材质上，木材具有较大的优势，取材简单方便，能够表现出中国建筑特有的形式；和木材相比，竹材在景亭的营建上较为稀少，但其形式特殊且质朴，因此使景亭更显素雅清幽；除此之外，石材作为天然材质具有很好的耐久性、耐腐性和抗压性，这一点要比木材和竹材都突出。但因其施工难度较大，使得石材在景亭营建的使用上也不是十分普遍，较多的时候是和木材配合，以石材为柱子或是柱础，以木材为梁架。

现代景亭除了沿袭古代景亭所使用的材质外也随着技术的发展而增加了材质的种类，主要有塑木、钢筋混凝土和钢材。塑木是一种新型人工材质，拥有天然木材的纹理和质感，具有和木材相同的加工性质和抗压能力，并且在防水、防潮以及耐用性等方面大大优于木材；钢筋混凝土是现代建筑材料，在景亭上也有使用，既方便又稳固，是现代景亭常用的材质之一；钢材是具有很好延展性和可塑性的材料，具有强抗压能力，在现代景亭中多有使用。

【案例2.35】　如图2.79所示，该茶亭结合石材、木材与竹材于一体，主体结构以钢架为主，内部运用"竹"为原材料搭建出茶亭的内部空间结构，竹子自身的结构化解成亭子的形态之美。屋顶形式抽取当地民居屋顶的部分元素，抽象出新的曲线屋顶造型。柔软的屋顶轻而飘逸，并且利用起伏的屋檐将前场景观更多地纳入亭内，同时获得了更充分的亭下空间，惬意而辽阔。

图2.79　某茶亭

2) 花架游憩类环境小品

花架可供人休憩赏景,并点缀景观,具有园林小品的装饰性特点。它能够将绿化与美化功能完美结合,在城市景观建设中有着广阔的应用前景。

花架一般仅由基础、柱、梁、椽四种构件组成,有些篱架的花格取代了椽子的作用,使得亭架的梁和柱组合在一起,所以花架是一种结构比较简单的园林建筑。花架的造型轻便灵活,让人感觉轻松活泼。

花架应用于各种类型的园林绿地中,不仅要突出其公共绿地的性质,也要体现花架组景造景和提供休憩娱乐设施的功能(图2.80)。在空间中放置与周围环境形成鲜明对比的花架,使其在形态、体量、色彩、负载感上很容易引起游人的注意,能够显著地体现花架的景观艺术效果和丰富的实用特性。花架作为主景时既要突出其自身的风格艺术特点,也要与周围环境相结合,彰显其关联性。其特点可以体现在攀援植物的枝繁叶茂表现其绿色生态特性上,也可以通过花架的形式体现其增加景深的作用(图2.81)。

图2.80　某花架

图2.81　某花架

3) 景观桥游憩类环境小品

景观桥作为游憩类景观的重要组成部分,具有安全、舒适、便捷的优点,同时作为一种人工构筑物,它也在一定程度上改变着景观面貌。景观桥应与自然环境有良好的适应性,同时桥体材料的运用应与当地环境和人文相结合。

景观桥的功能属性依托于其周边环境所赋予它的职能,在不同的环境中,桥梁所扮演的角色也不尽相同。比如在商业区中,它既可以是城市地标,也可以成为联系各个商业的附属功能。人们对景观桥的使用要求主要表现为环境安谧,景观优美,给人以舒畅感。人们对其要求不单是选择活动的连续性,还包括进行社会交往活动的可能性。

【案例2.36】　如图2.82所示为无限环桥,这座环状雕塑桥梁是丹麦联系城市与海景的一个通道,让人们在不断变化的场景中体验无穷全景,整个桥梁的直径达到60 m,一半位于浅层海面之上,一半位于沙滩之上。桥体的支柱深入浅海2 m,背靠森林和历史悠久的古堡,前望无垠之海。

图 2.82　无限环桥

4）亲水平台游憩类环境小品

亲水平台是指高于水面,可供人们戏水玩耍的硬质亲水景观,它是从陆地延伸到水面上的,且处于岸线的最前端,一般在有景可观的地方设立,满足人们的亲水性。有时在人行进的空间中留一块相对开阔的空间,让人有亲近水的感觉(图2.83)。

图 2.83　某亲水平台

亲水平台的形式丰富多样,常见的有方形、圆形、椭圆形、不规则形等。亲水平台必须是从岸边搭建平台延伸到水面上去,一般要求对岸的景观性比较高,有远眺的感觉,或者能够近距离欣赏周围错落有致的植物群落,便于人们近距离欣赏观看。

亲水平台是滨水区不可缺少的景观,也是人们活动的娱乐场地,因此设计时应把安全性放在首位,尽量在不影响亲水活动的前提下,采取必要的防护措施。静水条件下,在安全防护要求下,水深有 0.30 m 深,可不设栏杆;在距离岸边 2 m 以内,水深小于 0.7 m,实际水深范围在 0.30 ~ 0.50 m,栏杆可以设在 0.45 m 高或者设计座凳式栏杆造型,既可以满足人们的休闲观光,又起到安全防护的作用。

2.3.4　照明类环境小品

照明类的环境小品可以起到创造环境空间,增强美的韵律、节奏和强化空间艺术效果的作用,例如路灯、造型灯、庭院灯等。照明类环境小品的种类一般有节日照明、建筑物照明、构筑物照明、广场夜景照明、道路景观照明、商业街照明、园林夜景照明、公共信息照明、广告照明、标识照明等。照明的方式一般采用泛光照明、轮廓照明、建筑夜景照明、多元空间立体照明、剪裁照明、层叠照明、特种照明等多种方式,可以根据具体情况选择最佳的视觉照明效果。

照明类环境小品一方面创造了环境空间的形、光、色的美感;另一方面,通过灯具的造型及排列配置,产生优美的节奏韵律,对空间起着强化艺术效果的作用。

具体而言,照明系统类环境小品有两个功能:实用照明(路、广场、台阶及入口等的照明,安全防护照明,作业照明,引导交通流线照明等)及美学功能(白天灯具造型作为环境景观的点缀,夜晚灯光可丰富景观空间色彩)(图2.84)。

图2.84　造型灯

照明类的环境小品在某种程度上是文学、美学、光学、建筑学以及各类有关综合科学的优化组合。设计师对自己实施的项目,不是孤立地看待,而是将其转换为与城市整体更协调的一个城市空间,将邻里空间转化为城市空间的一个环节。从建筑设计、美术、文学、音乐中寻找合适的创作依据,获取灵感,利用清澈的水源、碧绿的草地、弯曲的地形等各种富有弹性和可塑性的元素,进行各种艺术的尝试,把照明类环境小品打造成具有"特色"的环境艺术和"视觉个性""有意境"的视觉空间(图2.85)。

图2.85　造型灯

1)路灯类照明环境小品

路灯是城市环境中反映道路特征的照明装置,一般排列在街道、公路、住宅区或者主干路旁,保障夜晚的交通安全。路灯是城市照明中使用最多最广泛的,它在景观环境中是非常重要的分划以及引导要素,在设计中需要特别关注。在景观环境中,路灯既反映了人们的生理要求,也符合人们的心理需要。

路灯一般是随着道路的延伸和游览区域的伸展分布的,所以路灯具备引导功能。设计时应注意路灯的外形以及距离,应形成很强的秩序感,从而起到引导游人的作用。

图2.86为Wide模块化路灯,是一种技术上和形式上与标准产品不同的现代路灯,是一种框架,可以保持灯具有两种长度,适应不同的LED技术。灯由三个阳极氧化铝挤压型材制成。柱子由镀锌钢或镀锌和底漆和聚氨酯瓷漆制成。紧固系统采用阳极氧化铝双重铸造法兰,易于连接的连接电缆。

图2.86　某路灯

2)草坪灯类照明环境小品

草坪灯是一种专门为草坪和花丛小径而设计的景观灯,造型上比较别致,独特新颖又丰富多彩,是草坪点缀中的装饰精品。在设计中,要求草坪灯造型优美、色彩丰富,还应与周围环境相协调统一。草坪灯在安装时简易方便,并且可以随意调节灯具的照射角度和明亮、颜色等,在夜晚时草坪灯打出的光线或奇幻或神秘,渲染空间氛围,给人们的生活带来美的享受(图2.87)。

不同类型的草坪灯对景观效果有不同的影响:欧式草坪灯的表现形式比较抽象,以欧式艺术元素为理念进行设计,比较适用于具有欧式风格的地块;现代草坪灯,大多采用简约、现代的风格进行设计,相比较而言更易安装。

图2.87　草坪灯

3)庭院灯类照明环境小品

庭院灯外形优美,气质典雅,维修简单,容易更换光源,既实用又美观(图2.88)。在不同环境的景观中所需要选择的园灯照度也是不同的。如庭院中的灯光应随着所处环境的不同而改变,在安静的小路和走廊要求灯光轻松、柔和;而在夜间活动频繁的地方则需选择较为明亮的灯光。景观中的灯光照明要做到整体、统一布局,才能使园林整体的灯光既有起伏又均匀,具有色彩上明暗交替的艺术效果。

图2.88　庭院灯

4)地灯类照明环境小品

地灯一般用于照射物体、强化景观效果,一般设在石阶旁、盛开的鲜花旁以及草地中,也可以安装在公园的小径、居民区的广场小路、阶梯的照明、树木下方、喷泉内等地方,巧妙地安排布景能达到美观的效果(图2.89)。

地灯一般具有隐蔽性,只能看到所照的景物。地灯具有良好的引导性及照明特性,可安装于车辆通道、步行街。灯具通常情况下都是密封式设计,既可以防水防尘,又能避免水分在内部凝结。

图2.89　道路地灯

基本概念

1.室内环境小品　室外环境小品　静水　动水
2.具象环境小品　抽象环境小品
3.装饰类环境小品　服务类环境小品　游憩类环境小品　照明类环境小品

复习思考题

1.环境小品的分类有哪些?
2.试比较信息服务类环境小品与休息服务类环境小品各自的特点,并举例说明。
3.举例说明在何种环境下适于采用具象手法设计环境小品,何种情况下适合采用抽象手法设计环境小品。
4.试述环境小品与周围环境的关系。

3 环境小品设计的原则和方法

[本章导读]

  通过本章的学习,了解环境小品的设计原则,并通过对设计任务的分析、环境小品的构思创意、环境小品的设计过程和设计成果的表达等几个方面内容的学习,掌握环境小品的设计方法。

  环境小品给人以亲切感、认同感和归属感,使我们的城市充满情感和生机。同时,环境小品也是一种标志,一种展示城市品位和舒适环境度的标志。环境小品不仅仅是环境中的元素与环境建设的参与者,更是环境的创造者。环境小品作为立体的艺术塑造,不仅追求一种视觉效应,更是一种兼具物质性和精神性的特殊艺术。其本身是思想的综合表象,是社会文化的载体,也是文化的映射。作为城市环境的独特组成部分,与建筑等共同构筑了城市的形象,反映城市的文化精神面貌。

  环境小品设计的不是简单意义上的某个环境小品,而是包含在文化形态中的环境空间景观,需用心去感受其内涵。因此,环境小品的形态不能停留在表面层次上,而应与时代发展相适应,在高技术、深情感的指导下进行高品质的艺术设计。

3.1 环境小品的设计原则

3.1.1 功能与形式结合的原则

  环境小品的设计须遵循功能与形式结合的原则,使小品在发挥应用功能的前提下,成为具有独特形式美感的景观。环境小品设计还要满足使用功能和人类情感的要求,功能与形式存在着一种互补的关系。要重视对形式的处理,须遵循功能与形式结合的原则,运用恰当的景观形式来应对环境功能的诉求,达到形式与功能的统一,形势与环境、文化相融合。

  环境小品涉及面广、种类繁多,供游人休憩停留的亭廊、座凳,起标识作用的指示牌、地标性雕塑,具安全防护作用的挡土墙、栏杆等,均具有极强的实用功能。还有些小品如垃圾桶、灯具等更是人们户外活动不可缺

图3.1 指示牌

少的服务设施(图3.1),即使是以观赏为主的小品,在环境中也起到主景、对景、障景、隔景、框景、夹景的不同作用,如景墙、花窗、置石等(图3.2)。同时,环境小品设计也是门艺术。艺术的外在形式、内在规律,通过设计语言贯穿始终。外在形式即审美要素包括其线、面、形体、色彩、质感、肌理、光影、声响等,内在规律即审美要素的组织规律,如节奏与韵律,对比与协调、比例与尺度等。

同时,小品的造型、材料、色彩与功能应相互呼应、相辅相成。只有基本功能而形式呆板乏味的小品让人生厌,不顾及功能仅追求形式的小品设计也很难获得成功。例如座凳不仅应有合理的长宽高、合适的材料,也要有美观的造型、色彩、质感;但过分追求造型奇特、灯光华丽的照明小品,若引起眩光,影响照明效果,则适得其反(图3.3)。

图3.2　景墙　　　　　　　　　　图3.3　夜间眩光

3.1.2　体现文化内涵的原则

文化是人类社会物质财富和精神财富的总和,社会意识形态的体现,是思维方式、行为方式的总括。环境小品作为景观元素,是现代城市文化特色和个性的重要载体,其丰富的文化内涵能提高景观的观赏价值和品位。小品的文化内涵是由外在形体赋予的,在设计之初就应把要展现的文化内涵作为设计元素来进行创作。

【案例3.1】《深圳人的一天》城市公共艺术雕塑(图3.4),即在1999年11月29日,随机选择了在深圳的18位不同行业的普通人作为模特进行翻模,然后做成雕塑,反映深圳人一天的不同生活状态。

环境小品不仅带给人视觉上的美感,而且更具有意味深长的意义。好的小品注重地方传统,强调历史文脉,饱含了记忆、想象、体验和价值等因素,常常能构成独特的、引人神往的意境,使观者产生美好的联想,成为室外环境景观建设中的一个情感节点。

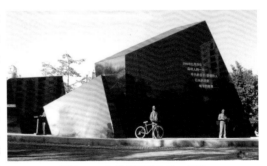

图3.4　小品《深圳人的一天》

因此,环境小品的创作过程不仅是对功能形式的反复揣摩,也是对文化内涵的不断提炼、升华的过程。如果一个设计作品不仅功能合理、形式美观,还能兼具一定文化内涵,则更能打动人。文化内涵一方面可通过反映地域特色来体现,即尊重不同地域千差万别的自然环境、历史因素、社会风尚、审美情趣、民俗传统,满足文化背景的认同,创造出与当地自然历史人文景观相协调的、真正适合该地的作品;另一方面,文化内涵还体现在时代特色上,即小品设计还要承担时代赋予的责任,理解时代精神、价值观、审美观,积极运用现代技术、材料、工艺、手法,创造出反映时代精神面貌的作品。

3.1.3　以人为本的原则

环境小品是室内外环境的组成部分、点睛之笔,但归根结底,其服务对象是作为环境主体的人。人的行为、习惯、性格、爱好决定了人对环境的改造方向。因此,环境小品设计须以人为本,无论是以实用功能为主的小品,还是以观赏价值为主的小品,都要认真研究人的身心特点,充分满足人的多重需求。人性化设计体现出对人的尊重与关怀,是时代的趋势,是一种人文精神的集中体现。

"以人为本"进行环境小品设计应遵循以下原则:

①要参考人的尺度,以人的身高、臂长、步距、视力范围等为依据,决定小品的最基本数据,例如栏杆、座凳的高度、雕塑的体量、汀步石的间距、指示牌的大小等(图3.5)。

②要满足人的行为习惯和心理特征。例如,设计中除了参考人的尺度确定座凳的长宽高、靠背角度等数据,还要根据人的观景休息的需要,选择合适的材质,布置合适的位置(图3.6)。又如节庆花坛的设计常根据人们审美习惯选择颜色鲜艳的花卉布置更增添喜庆气氛。当然,不同民族、阶层、职业、年龄、文化程度的人群其行为习惯和心理特点有所同也有所不同,还要具体问题具体分析。

图3.5　汀步　　　　　　　　　图3.6　休息座凳

③"以人为本"的环境小品设计还应体现对特殊人群如老人、儿童、残疾人等的人文关怀,如台阶一侧的无障碍坡道(图3.7)、高低两个出水口的饮水设施、附有盲文的指示牌等(图3.8)。

图3.7　无障碍坡道图　　　　　　　图3.8　无障碍系统指示牌

3.1.4　与环境协调统一的原则

任何一件环境小品,无论是在室内还是室外,总处于一定的环境中,不能独立于环境之外存在。映入人们眼帘的首先是小品与周围环境共同形成的整体效果,所以,环境小品设计应先研究环境的空间尺度、风格特征,使作品与周围环境协调统一(图3.9)。

环境的空间尺度可分为超人尺度、自然尺度、亲密尺度。例如超人尺度的教堂、纪念碑使人产生崇敬感,亲密尺度的小包间、庭院让人有亲切感。环境空间按开敞程度又可分为开敞空间、半开敞空间、闭锁空间。环境小品是构成环境许多形体单元的一部分,环境又是小品广阔的背景空间。优秀的小品可以烘托出优美的空间。任何一个极小的环境小品都会影响到整个环境的总体效果。因此,环境小品设计与环境的关系是密不可分、息息相关的。

小品的体量要符合环境空间的尺度要求和开敞程度,例如同样是人物雕塑,有的下设基座高可达数米,有的置于场地似真人大小;环境的风格也各不相同,有宁静有律动、有传统有现代、有的欢快活泼、有的严谨肃穆、有的充满自然野趣、有的体现人工秩序。例如城市广场大面积照明可设造型现代的高杆灯,而草坪花木间则适合别致精巧的草坪灯。小品要通过造型、材料、色彩等的丰富变化来响应环境整体的风格特征,积极融入环境肌理,成为环境的有机组成部分(图3.10)。

图 3.9　陶瓷博物馆小品

图 3.10　植被展互动装置

3.1.5　体现整体性的原则

目前设计环境小品时,一个任务中往往不仅仅只包括一种类型的小品,如何确定一个设计的主题并将其在整套小品中体现出来,也是值得我们深思的问题。

主题性的小品需要传达特定的主题意义,注重空间情境的表达,主题性环境小品应更加具有鲜明的个性。独特的环境小品正是一个特定空间中的标识,可以提升空间氛围,是为了表达个性而存在的艺术品。主题性环境小品设计成功的关键因素在于具有丰富的主题艺术内涵,这种艺术内涵体现在每一个单独的小品中,贯穿在套系里,体现一种理念,传达一种精神。

小品设计必须具有独特的个性,这不仅指设计师的个性,更包括该艺术品对它所处的区域环境的历史文化和时代特色的反映,吸取当地的艺术语言符号,采用当地的材料和制作工艺,产生具有一定的本土意识的环境艺术品设计。

如果只是将主题名称套用在小品本身,这样传达的主题意义也是单薄而不深刻的。肤浅的模仿是主题性环境小品设计的天敌,雷同的小品设计既缺乏科学论证,又缺乏情趣性。在这个日新月异的时代,大家对时尚的、刺激的事物更加感兴趣,为了满足这种喜欢挑战、追求潮流、与众不同的心理需求,创新是必备条件,同时相关科技已经走进了我们的生活,也走进了我们的景观世界,它让环境小品变得更加生动有趣。

选择一个适合的主题后,首先要深入分析这个主题背后想要在小品中表现出来的精神与内涵,然后紧扣主题,思考小品外在的表现形式,包括小品的造型、颜色、材料、体量等,通过对各种元素的选用一层一层地将主题鲜明地表达出来。

3.2 环境小品的设计方法

3.2.1 分析设计任务

1)解读设计任务

在接到环境小品设计任务后,设计师首先要仔细解读任务,做好设计准备工作,才能进行创意构思、形式设计,最后进行设计成果的表达。设计任务的解读一般要明确以下几个方面内容:

(1)设计什么样的小品 有什么功能要求、技术要求、审美要求。

(2)小品所处怎样环境 具体环境的各项特征、所处地域时代背景环境特征。

(3)设计成果有哪些具体要求 图件规格、数量、内容、深度要求,文字及其他成果要求等。

(4)其他内容 如设计及施工周期、建设方及投资额等。

2)环境调查

为更加明晰设计任务,开展下一步的设计工作,须再进行必要的环境调查,包括:

(1)所处具体环境条件的调查 室外环境的出入口、道路、场地、人流、地形、植物、建筑及其他景物的特征,室内环境的装修风格、设施设备情况等。

(2)所处地域背景环境的调查 自然环境如气候、水文条件等,历史人文环境如传说典故、风俗民情等。可通过各种途径如甲方提供、现场踏勘、问卷调查、资料查阅等方式尽可能多地获取相关资料,并对资料进行去伪存真、去粗存精的加工处理,从而获取有效信息,进而对环境小品进行创意构思和形式设计。

3.2.2 构思设计创意

我国绘画艺术讲究"胸有成竹",传统园林艺术也强调"造园之始,意在笔先",说明无论是二维平面的书画创作,还是三维空间的园林环境设计建造都要先有构思创意,这对环境小品设计同样适用。好的构思创意有利于小品成为环境的有机组成部分,甚至点睛之笔(图3.11)。

小品的构思是一个连续的酝酿过程,在上一阶段对设计任务的解读中其实就已经开始了。对小品功能、技术、审美要求的分析,明确是以实用为主还是以观赏为主,是主景还是组景,是永久性还是临时性等问题,可大致确定小品的设计方向。加上对所处具体环境条件如人流、地形、植物、建筑及其他景物特征的调查分析,在设计师心中将慢慢形成与环境尽量协调的小品的基本轮廓,如采用何种造型,直线还是曲线;何种材料,不锈钢还是木材、石头;什么颜色,暖色、冷色还是中性色彩等。"创意"是构思过程的难点,是对环境小品更高层次的要求,往往体现小品的文化内涵、地域和时代特色。好的创意使小品不落俗套,可更好地加深环境意境,提高环境品位。

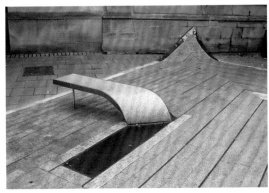

图 3.11　街头的创意座椅

如果组景没有立意,那么其构图将是空洞的形式堆砌。构思要有较高的思想境界,而且要有新意,不落俗套,任何简单的模仿都会削弱它的感染力。在艺术意境的创作上达到寓情于景、触景生情、情景交融才是小品的最高境界(图3.12)。

图 3.12　休憩装置组合

3.2.3　确定形式要素

经过构思创意,设计师脑海中形成尚不十分成熟的初步概念方案。环境小品从构思创意到付诸实施成为环境的一部分,需要通过一定的形式表现出来。小品的形式设计就是将各形式要素按一定规律组织起来(图3.13)。这里的形式要素指小品的造型、材料、色彩、质感、肌理、光影、声响等;这里的规律既涉及科学,如人体工程学、环境心理学等,又遵循一定的形式美法则,如多样与统一、整齐与参差、对比与和谐、对称与均衡、比例与尺度、节奏与韵律等。总之,小品的形式设计是设计师运用专业知识将"设计意念"转化为"设计语言"的过程,以下以环境小品最重要的几大要素为例展开说明。

图 3.13　融入环境的动物小品

1）小品造型

不同类型的环境小品的造型丰富多样：有的规则，如修剪成几何形的植物；有的自然，如玲珑秀丽的湖石假山；有的具象，如某些人物、动物造型栩栩如生；有的抽象，如一些现代雕塑在似像非像间产生更多想象空间。同一类型的环境小品的造型也各式各样，如环境中常用的景观建筑小品——亭，就有三角亭、方亭、六角亭、八角亭、扇亭、圆亭、梅花亭、蘑菇亭、伞亭等数十种。

若将环境小品的造型进行分解，则有线条、图形、形体、体量几个层面。直线表现出耿直、刚强、秩序、规则、理性，如高耸的纪念碑多用竖直线；弧线曲线表现出柔和、流畅、细腻、活泼，如卡通造型多用弧形曲线。规则图形有一定的轴线关系和数比关系，庄严肃穆、井然有序，不规则图形则表现出自然、流动、不对称、活泼、柔美的特征。根据环境的风格，运用不同特性的线条、图形的组合最终形成千变万化的小品形体，具一定体量的形体就是我们前面所说的造型了。所以好的造型还要注意合适的体量大小，要符合环境的尺度（图3.14—图3.16）。

2）小品色彩

形和色是物象与艺术形象的两大基本要素，所以除了造型，环境小品的色彩也至关重要，如青灰色的石雕显得隽永，绿色环境中的红色小品非常醒目，儿童活动设施多用鲜亮色彩。

小品色彩的选择搭配应具备一定的色彩学知识，色彩本身并没有冷暖的色温差别，是视觉色彩引起人们对冷暖感的联想。暖色中的红色、橙色、黄色这些颇具代表性的颜色，使人联想到生活中一些具温暖感的物件，如太阳、枫叶、秋天的麦浪。冷色包括蓝色、蓝紫色、紫色等颇具代表性的颜色，使人产生幽静、凉快的感觉，如太空、海洋、紫玫瑰等。也有许多颜色介于冷色与暖色之间，如绿色。在设计时，我们看待颜色的冷暖，可以理解为黄色占比大的色彩都趋向于暖色，蓝色占比大的颜色都趋向于冷色，黄色和蓝色各占一半，可以归纳为中性色彩。色彩的轻重主要与颜色明度有关,明度高的颜色使人联想到蓝天、白云、彩霞等,给人以漂浮、轻巧感,明度低的颜色使人联想到钢铁、大理石凳的沉重、降落。

图 3.14　几何造型的人物雕塑

图 3.15　环形座椅

图 3.16　具象的艺术装置

色彩三大特性:

(1)色相(Hue)　又称色调,指一种颜色区别于另一种颜色的特征,我们平时所说的"红""绿""蓝""黄"就是指色相。

（2）纯度（Chroma）　也称饱和度、彩度，指色调的纯洁程度。

（3）明度（Value）　指色彩的明亮程度。

不同色相、纯度、明度的色彩给人不同的感觉，包括冷暖感、胀缩感、距离感、重量感、面积感、兴奋感等（图3.17）。

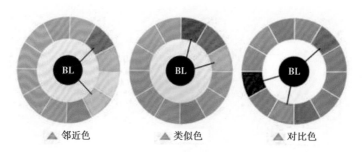

▲ 邻近色　　　　▲ 类似色　　　　▲ 对比色

图3.17　色彩关系

设计中可充分利用色彩色相、纯度、明度变化来创作小品，也要有意识地运用邻近色、类似色、对比色等不同色彩的搭配来设计小品。色彩的三要素对华丽、质朴感都会有影响。其中纯度关系最大，明度高、纯度高的色彩华丽；明度低、纯度低的色彩单纯、质朴、古雅。环境小品的色彩在整个设计中是非常重要的组成部分。合理运用色彩可使环境小品更加动人，也可以提高环境小品的人性化设计，充分体现园林景观艺术的韵味（图3.18—图3.21）。

图3.18　色彩淡雅的休憩座椅

图3.19　色彩丰富的雕塑

图3.20　暖色调的组景

图3.21　冷色调的组景

醒目的色彩能第一时间吸引游人的注意。

【案例3.2】　Paint Drop，它是一个创意性的公共互动空间，从视觉上连接了主广场和新开业的零售店，在带来引人注目的空间的同时，通过一系列色彩缤纷的、"飞溅"的油漆点来吸引周围的顾客。装置所在的大宁国际商业广场是一个25万 m^2 的综合体,其中包含11万 m^2 的购物区域。露天的商业街使其成为了上海最受欢迎的商业区之一。考虑到装置的目的是吸引路人的注意,因此装置的设计需要足够醒目,且能够保证商场顾客的顺利通行。最终,一条"溅满"彩色油漆的隧道被设计出来(图3.22)。

图3.22 Paint Drop 装置

该装置是由8个反垂曲线形拱体组成的系统,这些拱形结构沿着设计好的路径相互连接,看上去就像是从高空滴落的油漆。拱形结构与地面连接的地方会形成一个巨大的滴溅色块,设计师将座椅和休息区设置在这里,从而为装置赋予了功能性。地面上的沉浸式图案更进一步增强了游客的体验。七彩隧道的8个拱形结构还配备了交互式的照明系统。运动传感器被放置在拱体的基座部分,当有人经过时,将激活拱形结构内侧的 LED 灯带,从而发出光亮。

3)小品材料

(1)小品材料概述 随着时代的发展和人们审美情趣的提高,现代环境小品的选材范围越来越广泛,有天然材料、人造材料、常规材料、非常规材料等。具体如各种石材、木材、玻璃、金属、塑料……几乎所有能够为人类所获取利用的材料都能在环境小品的设计建造中"为我所用"。取材的广泛能使设计师广开思路,但从种类繁多的材料中挑选适合的材料,却是对设计师的考验。

一般景观设计中会用到以下几类材料,其中结构材料包括钢筋混凝土、砖、石子、砂浆等,装饰材料中又有石材,即花岗岩、青石板、卵石、页岩、陶粒、砂砾等;砖类主要包括烧结砖、水泥砖、透水砖、马赛克、植草砖等;木材主要包括釜山樟木、栗色塑木、栗色菠萝格等;钢材主要包括板材、管材、钢丝绳等,还有各种玻璃与特殊材料(图3.23)。

图3.23　不同小品材料

园林中的环境小品使用的材料,都需要耐候、耐腐、耐酸、耐碱等材质,这样才能让不同材质创造和设计出的环境小品可以确保耐久性。例如现在广泛使用在户外的设施和户外的环境小品中的材质会使用一些防腐木、塑木、水泥等。尤其是需要有木纹效果的一些户外设施的环境小品更容易让大家选用防腐木或是塑木,当然还有一小部分的人会选择水泥仿木。其实不同的材料创造和设计的环境小品效果都会不同。

材料的选择运用首先要了解不同材料的特点,发挥材料本身固有的美感。不同材料具有不同的形体、光泽、色彩、质感等,对小品的艺术表现力影响颇大。如假山置石常用的材料:黄石棱角分明、黄褐色,质朴稳健;太湖石瘦皱漏透、灰白色,玲珑秀丽;不锈钢挺括、光泽度好,玻璃光滑、色彩丰富。另外,还要了解材料的其他属性特点,如可塑性、耐久性、经济性等。各种园林设施及环境小品在园林景观中实际用途不同,所需要表现的视觉效果不同,因此,就要考虑所选材料不仅在视觉效果上更加符合设计要求,而且在使用上要更具有耐久耐候性。除了对材料本身的了解,设计师还要认真研究环境小品的构思创意、使用功能和环境氛围,要精心选择最能表现设计理念的材料(图3.24—图3.27)。

图 3.24 天然石材的运用

图 3.25 木材的应用

图 3.26 金属的应用

图 3.27　彩色玻璃的应用

（2）常见小品材料介绍

①耐候钢板

• 简介：耐候钢板即耐大气候腐蚀钢板，是近几年出现的新型钢铁，加入镍和铜元素使其有更高的耐腐蚀性。耐候钢板表面是一层锈红色物质，摸上去十分粗糙，质感十分特殊，形成一种天然锈保护层，使其大大延长了耐候钢板的寿命（图 3.28）。

图 3.28　耐候钢板的应用

• 优点：寿命长达 80 年以上，环保、价格低。

• 缺点：锈层稳定前，出现锈片、锈渣、锈水，污染周围结构和社区环境。

• 应用：公园、马路指示牌、门店、门牌、门头 Logo 制作、室内装饰锈蚀钢板，怀旧风浓郁。

②清水混凝土

• 简介：清水混凝土又称装饰性混凝土，使用的时候一次就可以浇筑成型，不需要外部的额外装饰，比普通混凝土方便很多。清水混凝土在浇筑之后，表面平整光滑、棱角分明、不存在碰损，只需要在其表面涂上一层透明的保护漆即可，显得十分天然（图 3.29）。

图 3.29 清水混凝土的应用

- 优点：环保；省去了很多建筑垃圾；减少了工程的质量问题。
- 缺点：对施工工艺要求很高，对施工温度要求严格，适合在5—10月施工；不可更改性，应设计出预留的门窗和管道。
- 应用：广泛地应用于室内外装饰之中，一体成型的清水混凝土既可以在室内装饰中应用，也可以为室内带来惊喜。

③彩色混凝土
- 简介：狭义的彩色混凝土是一种防水、防滑、防腐的绿色环保地面装饰材料，是在未干的水泥地面上加上一层彩色混凝土（装饰混凝土），然后用专用的模具在水泥地面上压制而成。广义的彩色混凝土通常要得到色彩有两种方式：一种是添加带颜色的彩色骨料；另一种则是通过添加彩色颜料来实现（图 3.30）。

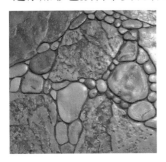

图 3.30 彩色混凝土的应用

- 特点：外观美观，具立体感，色彩丰富，不褪色，不变色，且可按需制作特种图案；高度耐冲击、耐腐蚀，使用寿命超过水泥，达15年以上；外层特耐油污，只需经常以水冲洗即可，且具防滑作用。
- 应用：彩色混凝土属装饰性混凝土，是新兴产业，现一般应用在广场之类的地方。

④青白石（房山白）
- 简介：青白石是大理石的一种，产地在房山。颜色比汉白玉暗淡，青底。材质细腻，与汉白玉相当。青白石的叫法主要出现在古建筑中。在古建筑的修建大典中作出解释，制作台明石、套顶石均选定为青白石石料（图 3.31）。
- 特点：青白石质地较硬，质感细腻，不易风化。
- 应用：多用于宫殿建筑及带雕刻的石活。

图 3.31   青白石的应用

⑤PC 砖

● 简介：Prefabricated Concrete Structure，缩写为 PC，意为"预制装配式混凝土结构"。作为住宅产业化的一种模式，因其高效、性价比高、节能、环保、降耗等优势而备受开发商（如万科、龙湖）青睐。集彩色混凝土砖和天然大理石、花岗岩优势为一体，符合国家节能减排、可持续发展的战略方针，因此 PC 产品经过多年发展已成功应用于景观新材料市场（图 3.32）。

图 3.32   PC 砖的应用

● 特点：防滑效果最佳，耐磨度好，使用年限长；仿花岗岩 PC 砖具有良好的透气功能，可使雨水迅速渗透到地下，辅助减少内涝现象，同时满足了地下树木根系的水分供给，保持地下水。

● 应用：广场道路砖、路沿石、环境小品以及景观上应用的各种结构件。景观道路、景观墙、景观小景、商业广场以及市政道路等。

⑥FRP 复合材料（玻璃钢）

● 简介：FRP，纤维增强复合塑料，是英文 Fiber Reinforced Plastics 的缩写，现有 CFRP、GFRP、AFRP、BFRP 等。中文中玻璃钢指的就是 GFRP。FRP 复合材料是由纤维材料与基体材料按一定的比例混合后形成的高性能型材料（图 3.33）。

● 特点：质轻；不导电；易成型、用途广；颜色全、透光好；强度高、变形小；易维护、寿命长；防腐性能好；近生活、无污染；保温；高附加、增值快。

● 应用：建筑工程；岩土工程；桥梁工程；海洋结构和近海结构等。

图 3.33　玻璃钢的应用

⑦生态陶瓷透水砖

● 简介:生态陶瓷透水砖是指利用陶瓷原料经筛分选料,组织合理颗粒级配,经高压成型、高温烧成而完全瓷化的优质透水材料,通过瓷化工艺使之达到高强度与高透水性完美结合(图3.34)。

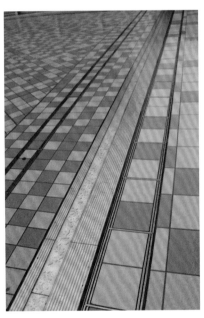

图 3.34　生态陶瓷透水砖的应用

● 特点:高强度;透水性好;抗冻融性能好;防滑性能好;良好的生态环保性能;可改善城市微气候、阻滞城市洪水的形成;较好的抗风化能力。

● 应用:应用于人行道、步行街、露天停车场、公共广场、景区园道、各类院校、房舍庭院等场所,营造出格调高雅,绚丽多彩的城市景观,从而美化人们的生活环境。

⑧彩砂

● 简介:彩砂现分为天然彩砂、烧结彩砂、临时染色彩砂、永久染色彩砂。天然彩砂是由天然矿石粉碎而成,不褪色但是杂质色较多;临时染色彩砂颜色鲜艳、易脱色(图3.35)。

● 特点:各种规格粒径均匀,颗粒浑圆,可任意级配;颜色丰富多彩、持久靓丽、环保;与各种树脂兼容性好;耐酸;耐碱;耐化学溶剂;耐热水。

● 应用:高级喷漆涂料,铺设地面、砂池。

图 3.35　彩砂的应用

⑨水磨石砖

● 简介：水磨石无辐射，整体性好，防滑功能佳、耐磨耗、抗老化、使用寿命长，是目前主流地面装饰材料之一，其成本低廉、造型美观、经久耐用，性能比天然石材及瓷砖优越，光而不滑、光而不亮，越磨越擦越漂亮，耐磨性能优于瓷砖（图 3.36）。

● 优点：颜色可自定义配制；满足高洁净环境的要求；色泽艳丽光洁；连接密实，整体美观性好。

● 应用：水磨石可以切割成块，应用于卫生间隔断、窗台等部位。

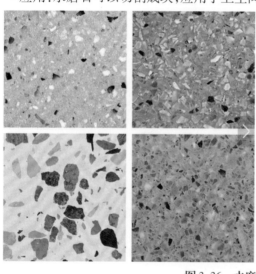

图 3.36　水磨石砖的应用

⑩夜光石

● 简介：人造夜光碎石也称人造发光碎石，是利用新型光致蓄光型自发光材料的本身特点，结合目前最新的人造玉石生产工艺生产出来的夜光碎石，具有天然石材的硬度和外观特征（图 3.37）。白天吸收各种可见光 10 ~ 20 分钟后，即可在夜暗处持续发光 12 小时以上，可无限次循环使用，无放射性，对人体无毒无害。

● 特点：蓄光条件低，亮度持续时间长；耐高低温，电绝缘性能好；强度、硬度好，耐腐蚀，稳定性好；环保，安全，可塑性强。

● 应用：可用于道路造型、艺术概念体现、疏导指引。

图 3.37　夜光石的应用

4）其他要素

除了小品的造型、色彩、材料（包括材料表现出的形态、光泽、色彩、质感等），现代环境小品设计中还可考虑光影、声响以及各种高新科技元素的运用。以光影为例，白天，随着太阳光照角度、强度的变化，小品投射的阴影随之改变；夜间，月光或其他照明设施也会造成景物光影的变化。而声响的运用能增加小品的动态美，如音乐喷泉，通过将声音信号转化为电信号控制喷泉的节奏，使喷泉随着音乐起舞，让环境更加优美。

水幕秋千是常见的一种将瀑布、音乐、灯光与秋千结合到一起的形式，瀑布秋千上方装有监测器，能够捕捉荡秋千之人的特征、速度等信息，计算水的降落时机，既营造了独特的空间，又不会使人淋湿（图 3.38）。

"脉冲"跷跷板覆盖有透明的聚碳酸酯物和光源扩散器，露出装于其内的 LED 灯泡。当有人坐在跷跷板的两端，并抓住中间的金属手柄时，该装置就会被激活。其中有若干跷跷板的两端各有两个把手，特意让多人同时使用。当跷跷板的一侧接触地面时，装置内的灯会被接通并透过透明的外壳发光。当没人使用时，装置会平衡于水平位置，并维持较低的亮度（图 3.39）。

图 3.38　水幕秋千

图 3.39　"脉冲"跷跷板

声光电的综合应用，使得环境小品富有强烈的感染力。

【案例 3.3】　在阿拉斯加州朱诺市的码头和港口坐落着十个阿奎尔斯雕塑，由国际知名的公共艺术家克里夫·加滕创作设计。这幅作品由十个不锈钢雕塑组成，它们被安装在现有的护柱上，这些护柱被用来绑住从海岸公园到罗伯特山电车大楼的邮轮，造型灵感来自于阿拉斯加景观的原型,包括两个标志性的生态形状,一个是鲸豚,一个是飞翔的鹰的翅膀。阿奎尔语是拉丁文中鹰和鲸的结合。它将灯光运用得十分巧妙,每一个雕塑在白天和晚上反射和折射阳光,用改变颜色的 LED 灯照亮,使人想起北极光现象。映衬着山与水,为滨水区创造了一个可识别的特征,为朱诺市的社会和经济生活带来了一种当代的美感(图 3.40)。

图 3.40   阿奎尔斯雕塑

随着艺术概念一再发展,许多小品不满足于静态空间,而是去创造了动态的画面。

【**案例** 3.4】   坐落于格鲁吉亚西部黑海之滨的城市巴统的两尊钢制雕像叫作 Ali and Nino。Ali 和 Nino 这两个人物取材自一部 1937 年的小说 *Ali and Nino*,讲述了发生在高加索地区的一出爱情悲剧。这是两尊会移动的雕像,每天晚上一过 7 点,Ali 和 Nino 就会开始缓慢向对方移动。相遇时,他们亲吻、拥抱,犹如一对真正的恋人。然后彼此穿过对方的身体,继续各自朝着不同的方向前行,直至最终分离(图 3.41)。

图 3.41   "Ali and Nino"雕塑

【**案例** 3.5】   如香港"泡夏泡夏"装置,从泡泡棒小玩意取得灵感,将 PMQ 的中庭变成泡泡乐园。视觉上带来赏心悦目的轻盈凉快之感,简洁却不简单的设计为公共空间注入创意美学与诗意。24 片薄如蝉翼的"片片云朵"飘游在中庭上空,随风飘扬,令人心旷神怡。地上放置逾 60 个泡泡装置,其中一半的泡泡装置会"自得其乐"地跃动旋舞,自动旋转出愉悦的节奏;而另一半会缓缓绽放,变出如梦如幻的"肥皂泡视觉"。白天黑夜,泡泡的美态迥然不同,夜灯与泡泡相互交织,映射出神秘魅惑的光影。无论大人或小孩,都能享受到小品带来的美丽与快乐(图3.42)。

图3.42　"泡夏泡夏"装置

　　建筑师团队 AaaM 一直认为,建筑与生活息息相关,联合创办人、设计总监陈树仁分享:"设计需对生活细节及周边环境作出有效回应,才能带来美好的感知与体验"。泡泡的飘浮与跃动,总能带给人治愈的感觉,纾解烦恼与压力。而一些具有丰富互动功能的环境小品更是能迅速吸引人的注意,不仅仅是观赏,而是进一步的触摸与倾听。

【案例3.6】　2016 年葡萄牙的"步行节"(walk & talk)上,设计团队 Moradavaga 创造了一个大型的"乌贼"(海洋软体动物)装置,并将其命名为"vernie"。这个乌贼使用红色的电缆保护器缠绕而成,每个触手长约 15 m,向四面八方延伸而去,占领了公园的各个角落,其头部还有两只可爱的眼睛,整个软体动物的特征表现得淋漓尽致,栩栩如生(图3.43)。游客们还可以对着它的眼睛和手臂进行对话或倾听,与之互动,这强烈地激发了游客们对这个巨型软体动物的兴趣,也正符合了主办方的要求,这个装置也必将给这一节日带来无穷的乐趣。

图 3.43 "vernie"儿童互动装置

【案例 3.7】 同样有着触摸传感的是位于 BIG 和纽约时代广场庆祝情人节的大红心雕塑。这个与人流、空气、触摸互动的雕塑,高 10 英尺,400 根透明的亚克力管内嵌 LED 灯形成一个在风中摇曳跳动的红心,当人们触摸心形雕塑一旁的传感器,心就会变得更亮(图 4.44)。纽约时代广场的 Tim Tompkins 认为此举可以让更多的情侣到时代广场庆祝情人节,他们也会邀请美国各地的夫妇到此公开宣布他们的爱情。这个大红心就是情人节的象征,在整个 2 月都会发出爱之光芒。心与时代广场的关系是:人和光——人越多,光越强。

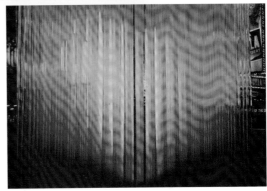

图 3.44　大红心雕塑

在一些校园场景中,科普也成为一种元素融入到了小品中。

【**案例** 3.8】　通过钢结构柱建立一个互动科普装置,通过刻度单位、旋转地球以及星系,向驻足者传达基本度量和地理知识,凸显位于学校的教育文化氛围(图4.45)。

图 3.45　互动科普装置

3.2.4　表达设计成果

　　设计师通过对环境小品设计任务的分析解读,从而构思创意,进行设计,并最终形成设计成果提交甲方。根据项目特征、进展阶段和甲方要求不同,设计成果有多种表达形式,如图件、文字、模型、动画等。

1)图件

　　图件的制作有手绘、机绘和二者结合的方式。

　　手绘可运用针管笔、马克笔、彩铅、尺规等绘图工具进行平面图、立面图、剖面图、效果图及其他分析图的绘制(图3.46)。特点是具有较强的艺术表现力,特别是方案初期阶段,手绘草图更方便快捷,便于及时与甲方沟通。

图3.46　马克笔手绘表现图纸

　　机绘是在计算机上运用各种绘图软件如 AutoCAD、PhotoShop、3DMax、SketchUp 等进行辅助设计和表现(图3.47)。计算机绘图特别是一些矢量软件的运用使得环境小品设计的各图件的后期制作更加精确、逼真。

　　手绘与机绘结合的表现方式兼有二者的优势。

图 3.47 SketchUp 建模表现图纸

2）文字

图件可让人直观地了解设计师的想法,但单纯的图件只能表达设计的部分内容,难免有一些不足。因此需要给图件配上文字,以更好地表达设计师的想法。图文并茂是设计成果最常见的表达方式。文字说明首先要求语言规范准确,字词句不应产生歧义误解。其次要求语言条理清晰、简明扼要,避免逻辑混乱、冗长堆砌。好的文字说明是对图件的必要补充,使图文相互支撑、相互辉映。通过文字对设计背景、设计构思创意、设计特点等设计理念进行准确无误的描述,有条不紊、言简意赅地阐述。

3）其他

除了图件、文字,设计成果的表达还可采用模型、动画等方式。通过手绘、机绘的方式虽然可在图纸上绘制效果图,但空间中的实体模型比二维的图纸更为直观,如一些环境小品的模型小样等。动画则可通过在三维空间的基础上加上时间变化,以图像、文字、声音相结合等方式来更好地展现设计成果。

3.3 环境小品的工作流程

仔细研读环境小品的设计方法后,想必大家对于如何设计环境小品也有了一定的了解与认知,如何将方法应用到任务中,还需要一套完整的工作流程。下面以实际作业"荷兰漫步"为例,梳理整个任务的完成过程。

1）设计准备

接到设计任务后应及时了解设计的主要内容、设计要求及设计完成时间,为了更好地做出优秀的设计方案,设计师应对整个与设计相关的内容进行详细的研究。

2）场地确定

如果是以实际地块为小品设置场地,那么应该对该地块附近的建筑及绿地情况,游客数量及交通情况,现有道路、广场分布情况等进行调研,确保图纸的准确性。如果是自拟一块场地进行设计,那么应该构思好该场地的基本自然条件并突出一定的特色。

3）分析信息

根据查询的资料或现场调研所得的资料进行全面、细致的研究,从中获取设计所需的有效信息。结合建筑和周围环境以及自身意向确定设计风格,得出设计的指导思想、设计理念与原则。汇集所有资料,根据自身情况提出设计建议,并确定设计的主题。

"荷兰漫步"的主题来自于设计者构思时,认为身处都市的人们在工作与生活的压力下,亟需一个治愈精神的场所,而一个将重现的梵高杰作、荷兰代表性的风车以及木鞋、有着荷兰传统故事等元素结合在一起的"荷兰漫步"主题公园,说不定能为他们送去一抹缤纷的色彩。

4) 图稿绘制

首先根据任务要求并结合自身特长,大致确定出小品类型以及最终图件的数量及排版。确定好后即可开始草图的绘制,在此阶段可以多方查阅资料或咨询老师、同学,不断完善自己的构思。当整套创意得到老师的肯定后,就可以开始完成最后的上色,同时为图件补充细节,完善设计说明等。

3.4　环境小品案例图纸分析

"荷兰漫步"主题套系小品一共包含6张手绘图纸,覆盖了座椅、花坛、雕塑、凉亭、廊架、路灯、景墙以及厕所八大类型,每种小品都单独绘制其平立剖和效果图,并附上了设计说明。

组图第一张交代了设计目的以及元素来源,并给出了自绘场地的详细信息(图3.48)。

比例尺
1:1000

1.昼夜月·景墙
2.梵高的木鞋·立体绿化
3.梵高的木鞋·花坛
4.香甜时光·路灯(按需分配)
5.香甜时光·廊架
6.风之润暇·凉亭
7.风之润暇·座椅(按需分配)
8.鹿特浅口·公厕

图3.48 "荷兰漫步"主题套系小品(1)

组图第二张包含了凉亭以及座椅的设计,灵感来源分别为风车与自行车,并介绍了选取这两个元素的原因,统一的红蓝色调也使得小品看起来和谐统一,形成一个整体(图3.49)。

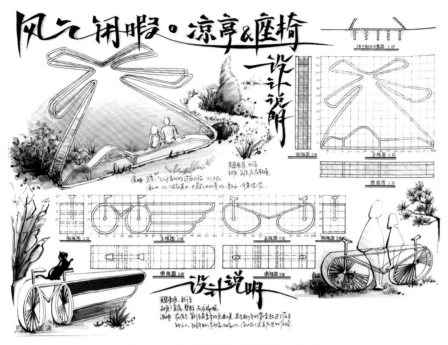

图3.49　"荷兰漫步"主题套系小品(2)

组图第三张包含了花坛以及立体绿化的设计,灵感来源分别为荷兰木鞋与梵高肖像,画面干净利落,色彩丰富有层次,造型有着浓厚的荷兰风格,应用到环境小品中也颇具创意(图3.50)。

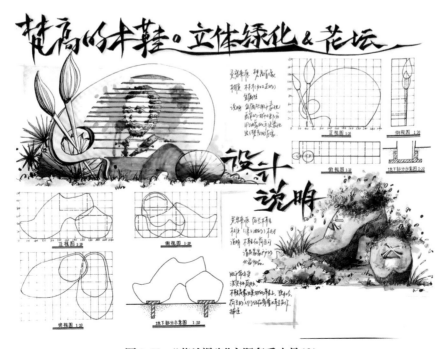

图3.50　"荷兰漫步"主题套系小品(3)

　　组图第四张包含了廊架以及路灯的设计,灵感来源分别为奶酪与郁金香,兼具了美观与实用性,排版紧凑,画面比较丰富(图3.51)。

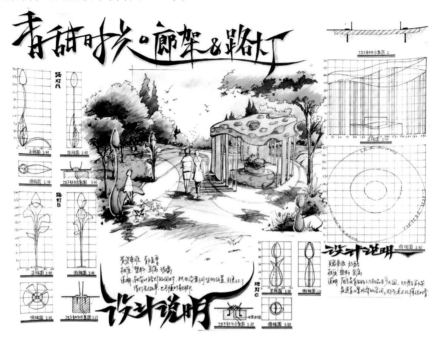

图3.51　"荷兰漫步"主题套系小品(4)

　　组图第五张着重刻画了以星空为主要元素设计的景墙,通过对原画的解构,将其进行再创作,玻璃马赛克的形式也十分抓人眼球,层次鲜明(图3.52)。

图3.52　"荷兰漫步"主题套系小品(5)

　　组图第六张、第七张表现了公厕的平立剖及效果图,以荷兰传统建筑为灵感来源,构建了一个相对科学的空间,图件完整,数据详细,完成度比较优秀(图3.53、图3.54)。

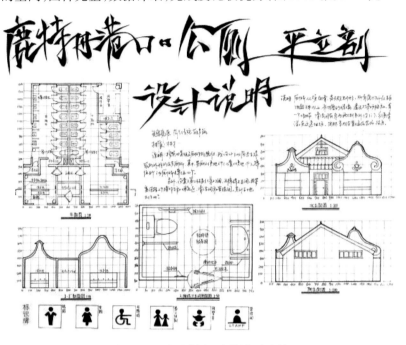

图3.53　"荷兰漫步"主题套系小品(6)

图3.54　"荷兰漫步"主题套系小品(7)

基本概念

1.设计　景观设计　环境小品设计
2.人性化　以人为本
3.环境心理学　人体工程学

复习思考题

1.环境小品的文化内涵有哪些表达途径?
2.试比较设计中"以人为本"和"唯人本主义"的区别。
3.结合实例谈谈形式美法则在环境小品设计中的具体运用。

4 各类环境小品分析

[本章导读]

本章内容包括对装饰类环境小品、服务类环境小品、游憩类环境小品、照明类环境小品的重点分析，通过这4类环境小品的概念、功能、类型和设计要点的介绍，使学生对环境小品设计方面的知识有全面和透彻的了解。

4.1　装饰类环境小品

4.1.1　雕塑

1）雕塑的概念

雕塑指为美化城市或用于纪念意义而雕刻塑造，具有一定寓意、象征或象形的观赏物和纪念物。过去人们把雕塑看作是造型艺术，雕塑只是摆放在货架上，但伴随着社会发展，更多雕塑出现在室外环境中，更好地承担了公共艺术的使命。

2）雕塑的功能

（1）表达园林主题　雕塑艺术具有自身独特的艺术与语言，生动的形体富有很强的表现力，这是其他艺术形式难以企及的。因此，园林雕塑往往是园林表达主题的主要方式。园林雕塑还可以通过自身的形象雕塑，生动地再现生活，表达时代特征与创作者的思想情感，成为一个城市的标志，甚至一个时代的象征。

（2）组织园林景观　园林雕塑是三维空间的艺术，大多可全方位地观赏，是景观建设中的重要组成部分，也是环境景观设计手法之一。在现代园林中，许多具有艺术魅力的雕塑艺术品为优雅的环境注入了人文景观，雕塑本身又成为局部景观，这些雕塑在组织景观、美化环境、烘托气氛方面起到了重要的作用。

（3）点缀、装饰环境　园林雕塑中还有一部分是装饰在现代园林景观中，常将幽默风趣，或夸张，或颜色鲜明，或抽象意境的雕塑小品，用来装点环境，烘托现代文化气息。

3）雕塑的类型

雕塑的分类方式各种各样,这里主要针对环境雕塑把雕塑分为滨水景观雕塑、广场景观雕塑、园林景观雕塑、建筑景观雕塑、山体景观雕塑、植物雕塑六大类。

（1）滨水景观雕塑　滨水的独特的感官视觉和水有紧密联系,因此滨水景观雕塑的材质有流畅性以及光泽感,与水的特性相呼应,一般采用不锈钢、镜面或有机玻璃（图4.1—图4.4）。这几种材质的特性能够与滨水景观完美统一,按照滨水的跨度和雕塑本身的作用来确定雕塑的尺度,人造滨水、江河、海滨等位置的雕塑大小必须与之相符合,雕塑与滨水环境的融合也相当重要（图4.5、图4.6）。

图4.1　圣路易大拱门

图4.2　蕾切尔·库珀与伊瓦娜·库兹曼科夫斯卡《眺台》

图4.3　孩子在《万花筒立方》旁玩耍

图4.4　Tom de Munk-Kerkmeer 的作品 Luchkasteel

如图4.1所示,圣路易大拱门位于美国圣路易斯市密西西比河畔,是美国向西开发的一个象征,这座雄伟壮观的不锈钢抛物线形的建筑物可以说是一次尝试,就目前的效果来看,它绝对可以被称作成功的滨水景观雕塑。如图4.2所示,相较于圣路易大拱门,可玩性和可赏性更高,《眺台》这个作品名也暗示了它另一个作用,透过这座雕塑,可以看到不一样的海景,自己也成了别人眼中的景。

如图4.3所示,海滩上矗立的镜面,吸引着孩子们的好奇心,像人类观赏大自然的万花筒。如图4.4所示,这个由一根根竹竿凑成的小品,不由得令人惊叹,雕塑原来可以这样,不需要表达太多具象的信息,传达更多的是感受。

如图4.5和图4.6所示,一个是对戒,一个是眼镜,都是人们生活中常见的。对戒雕塑能让景观充满浪漫气息,沙滩上的眼镜也透露着悠闲的气息,创意来源于我们的生活。

图4.5 对戒雕塑

图4.6 《迷失于凝视》

（2）广场景观雕塑 广场可分为主题性广场和休闲广场。主题性广场指广场有明确的规划意义,有明确的纪念性和目的性。这类广场的景观雕塑也就必须围绕广场的主题进行设计,雕塑作为广场的重点反映环境的区域性,主题性广场景观雕塑尺度一般给人以很大的视觉冲击(图4.7—图4.10)。而休闲性广场,最主要的目的是休闲,所以广场上雕塑只是作为广场的陪

图4.7 被遗弃的前南斯拉夫纪念碑式雕塑1

图4.8 被遗弃的前南斯拉夫纪念碑式雕塑2

图4.9 南京大屠杀纪念馆雕塑1

图4.10 南京大屠杀纪念馆雕塑2

衬,这类雕塑在题材上就比较贴近生活。生活性和趣味性是休闲性广场景观雕塑表现的重点,在尺度上也更贴近观赏者(图4.11—图4.14)。

图4.11　充满趣味的街头雕塑——《倒立》

图4.12　充满趣味的街头雕塑——《手指》

图4.13　充满趣味的街头雕塑——《红绿灯》

图4.14　充满趣味的街头雕塑——《穿墙人》

　　如图4.7和图4.8所示,都是被遗弃的前南斯拉夫纪念碑式雕塑,巨大的雕塑石体结合少量钢质材料,让人脊梁骨发凉,在战争面前,人是那么脆弱,创造这些雕塑的原因不是纪念,是让人们更深刻地认识到战争带给人们的伤痛,呼吁和平。

　　如图4.9所示,是南京大屠杀纪念馆入口的大型雕塑,一位衣衫破烂的妇女抱着自己被战争迫害的孩子,仰面痛哭,瞬间传达给人们强烈的悲痛之情。图4.10是南京大屠杀纪念馆出口处的雕塑,象征和平与希望。如图4.11—图4.14所示,这些充满创意的小型雕塑,不仅吸引着匆忙奔走的城市居民的目光,而且为城市增添了许多趣味,让生活在城市的人们感到生活的乐趣。

　　(3)园林景观雕塑　园林景观雕塑由文化性园林雕塑、纪念性园林雕塑和休闲娱乐型园林雕塑组成。文化性园林雕塑如具体的文化宫、雕塑性园林等雕塑;而纪念性园林雕塑主要是为了纪念某些历史人物而营造,以写实性为主,有时与抽象的表现手法相结合,是综合型的抽象表现手法。休闲娱乐类型的园林景观雕塑尺度不大,题材新颖,造型多样,给人以亲切感(图4.15、图4.16、图4.17)。

图4.15 日本雕塑家关根伸夫的作品——《云》

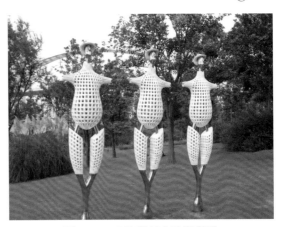

图4.16 上海世博会雕塑《锈》

如图4.15所示,日本雕塑家关根伸夫的作品——《云》的造型为用不锈钢镜面围成一个立方体,上方顶着一块巨大的石材,镜面反射四周环境的变化,四周的环境会随着光线、季节的不同而产生丰富的变化。雕塑和环境有机地融合在一起,使雕塑色彩丰富多变,冰冷的作品仿佛有了生命的热情,引人入胜。如图4.16所示,雕塑采用了混合金属焊接技术和锻打技术,使雕塑材料有了一种新的可能和表现形式。

图4.17 雕塑《飓风》

如图4.17所示,整座雕塑由镀锌管制造,当风吹过时雕塑就会演奏音乐。

(4)建筑景观雕塑 建筑景观雕塑也可以分为历史纪念性雕塑和文化性雕塑。商业办公、交通建筑的雕塑可以分为写字楼、街区等不同场地的雕塑。建筑景观雕塑规模宏大,是大型的公共艺术品,具有标志性作用。它包括城市入口、街道的雕塑、城市公共艺术(图4.18、图4.19)。

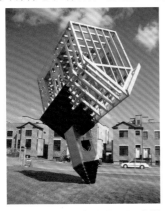

图4.18 倒立的建筑结构雕塑

图4.19 《火烈鸟》

(5)山体景观雕塑 山体景观雕塑被看作是旅游性景观雕塑,山体景观雕塑的首要条件是山体的石材的可塑性,密度必须达到标准(图4.20)。

(6)植物雕塑 它们利用天然枝条巧妙编织堆积,这绝对是最低碳的雕塑,在艺术家的巧手下,让人赞叹不已,不过它们的使用期限是有限的(图4.21—图4.24)。

4)雕塑的设计要素

雕塑的设计要素主要包括五大方面:公共性、尺寸、材质、空间造型、色彩因素。公共性指强调以公共艺术理念介入城市的整体形态,旗帜鲜明地强调当代公共艺术视野中城市形态的大视觉理念;尺寸不仅仅是指作品自身的比例尺寸,作品所处环境空间的规模是决定作品尺度的重要因素;材质则是雕塑中最基本的要素,是整个雕塑的生

图4.20　拉什莫尔国家纪念碑

命;空间是雕塑比较抽象的元素,是指雕塑的环境体量以及配置,但却是审美中不可分离的因素;造型是雕塑的最直观的元素,是指雕塑的外在体积形;色彩也是雕塑中不可缺少的因素,有了色彩的雕塑立刻变得灵动活泼,使人的思想活跃。

图4.21　独特的植物雕塑1

图4.22　独特的植物雕塑2

图4.23　独特的植物雕塑3

图4.24　独特的植物雕塑4

5)雕塑的设计要点

(1)注意地域文化的挖掘　在设计景观雕塑时,要深入到当地的风土人情,要去体验当地人的人文精神,只有这样才能找到更好的设计结合点,设计出更好的雕塑景观。

(2)遵循"巧于因借,精于体宜"的原则　在现代设计中,景观雕塑更多的是放置于公共空间,雕塑本身与环境产生密切的关系,两者相互关联、相互影响。因此,设计景观雕塑时一定要整体考虑,做好全局的布置,使得环境空间由于雕塑的加入而更加和谐。

(3)注重汇集"甜品"似的设计　城市整体设计的过程就好比是一场盛宴,而景观雕塑则无

疑会是这场盛宴的"甜品"。随着中国经济的发展,城市化进程也在不断加速,而作为甜点的雕塑景观也得到更多的关注。我们更应该注意这种"甜品"式汇集设计的方法,即由相关部门来组织雕塑设计活动,然后找一些权威专家作评委,向最广大的群众及专业雕塑家征集方案,最后经过专家评审及市民参与评选投票的办法来设计出真正属于这个城市及城市市民的雕塑景观。

4.1.2　景墙

1)景墙的概念

景墙作为景观环境重要的组成部分,是由传统居住建筑中的墙衍化而来的,与人类的生活和发展息息相关。景墙不仅可以组织环境空间,还可以营造优美的环境以及渲染特定的场所氛围,表达文化意境,使观赏者产生共鸣,有其独特的景观价值。

2)景墙的功能

(1)景观载体　景墙作为环境艺术小品,具有丰富的审美价值,主要是通过色彩、质感和肌理、造型等物质手段进行视觉表达,突破墙体本身的单调与呆板,总之任何眼睛所能看到的特性都具有观赏价值,可为观赏点,加之成功的布置与其他园林要素的结合,是塑造景观环境的重要组成部分。

(2)划分空间

①视觉空间

a.连接:景墙在园林空间中,很多只需起到把外界的景色组织起来的功能,在园林空间中形成景观的纽带,引导人们由一个空间进入另一个空间,起着导向和组织空间画面的构图作用,能在各个不同角度都构成完美的景色,达到步移景异的效果。同时还起到把单体要素有机结合在一起的功能。

如图4.25、图4.26所示,通过两种不同的打通的方式,"开窗"和"破墙"连接两个区域,创造两种不同的空间感,达到环境景观不同程度的渗透。

图4.25　某小区内景墙

图4.26　室外景墙

b.分隔和围合:分隔和围合是一种虚实的表现形式,体现了"虚实相生"的纯美意境。

c.过渡:环境空间需要过渡,景墙是竖立在水平面的一个满足空间导向的景观,实现了相邻空间形式的过渡,对两个独立景点也起到和谐的作用。

d.方向性:景墙作为一个竖向实体构件,是通过人们在积极地感受和享受景观的同时影响着人的运动轨迹,影响人的视觉空间,进而影响人的心理空间。人们在体会运动的过程中,在时间和空间的转换里享受景墙所带来的灵魂洗礼,情绪、光线、景观、视线的转换等。

②心理空间:当视觉空间出现后,由视觉空间的感受传达至内心,构成心理上的情绪波动。例如景墙围合的狭窄的空间会使心理产生"狭小""压力""紧张"等情绪。高墙使人感到"压抑""危险"的心理暗示,曲径使人产生神秘感。当然正确地使用景墙创造空间还是可以产生一些乐观的心理感知,如作为场所边界的景墙可以创造一种围合感,给人依属感或适合相对个体的空间范围,可以保护个体的隐私,使人有安全感。

③意识空间:当多种、多重视觉空间、心理空间不断交织、重叠时,就形成了一个更大的"情绪场"。我们的感受,不再是一个单一的空间状态,而是整体的某种意念的体现,可以传递给参与者积极或消极的价值观。

(3)表达文化　很多场所,景墙不仅是创造景观的要素,更要求成为贯穿历史、体现时代文化、具有较高审美价值的精神产品。景墙在造"景"的同时,也要注重造"境",更要体现造"情"。

(4)其他附属功能

①防护功能:有的景墙在充当环境小品的同时,也兼顾了固土护坡、防洪护堤的功能。

②影响微环境:景墙对它所创造的空间环境是不能起到干扰或者控制作用的,然而它能改善或者调节空间微环境,可以对诸如声音、阳光、风等自然元素产生微小的改变。

3)景墙的分类

(1)根据景墙的造型　根据景墙的造型分类,常见的有矩形、曲线形、折线形和倾斜形。矩形具有稳固、和谐、简洁明快、易于把握的特点,故大多数景墙为矩形。矩形多为横向展开,很少采用竖向发展,竖向不适合人的观赏角度,易产生压抑感,且体量受到限制,简单的矩形景墙稍作变化,既可以形成私密空间,也可以结合水景形成完整的景观(图4.27、图4.28)。曲线形多采用弧形,以适合围合空间的需要,造型柔和、活泼,适合于自然的场所。折线形使景观观赏的角度多变(图4.29、图4.30)。倾斜型是较低矮的景墙通过向后倾斜的方式以适合人观赏的角度。

曲线形景墙可以柔化空间界面,具有和谐、融合感。且曲线的景墙围合可以形成富有人情味的空间环境,吸引人们参与体验。人们在紧张工作之余希望从紧张的节奏中解放出来,而曲线能带给人们自由、轻松的感觉,并能使人们联想到自然的美景(图4.31、图4.32)。

图4.27　矩形景墙1

图4.28　矩形景墙2

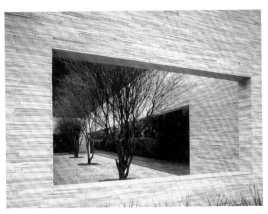

图 4.29　折线形景墙 1

图 4.30　折线形景墙 2

图 4.31　曲线形景墙 1

图 4.32　曲线形景墙 2

（2）和其他景观要素的结合　最常见的就是和水景、植物结合的景墙（图 4.33、图 4.34）。

图 4.33　景墙与花坛

图 4.34　景墙与落水

如图 4.33 所示，钢结构构架与花坛结合的景墙既起到分隔空间的作用，又有着美化装饰的作用。

（3）根据景墙功能　景墙除了观赏功能，还有纪念功能（图 4.35—图 4.40）。

如图 4.35 和图 4.36 所示，面对着南京大屠杀纪念馆的景墙，游客会不由自主地触发心灵，追思遇难者。

图4.35　南京大屠杀纪念馆景墙1

图4.36　南京大屠杀纪念馆景墙2

如图4.37—图4.40所示,美国越战阵亡将士纪念碑顺地势而建于大草坪中,呈平缓的V字形。长长的、用黑色花岗岩造成的黑墙向地下延伸着,其东翼指向华盛顿纪念碑,西翼指向林肯纪念堂。肃黑的纪念墙以绿地为衬托,两边高、中间低的天然地形形成的高度差使铭刻的将士姓名从两边向中间挤压增加,其压迫感令来此的悼念者感同身受,感染力无可抗拒 。在越战中阵亡将士的名字按阵亡时间顺序排列着。草坪内总长151 m的黑色大理石墙上刻满了越战阵亡的58 156名将士名字,沿墙观瞻,墙下有许多人们献上的花束,不断有阵亡者家属来到纪念碑前,在黑墙上找到自己亲人的名字,用手在名字上触摸。这座越战纪念碑自1982年以来,已经成为美国首都华盛顿吸引参观者最多的纪念碑。

图4.37　美国越战阵亡将士纪念碑1

图4.38　美国越战阵亡将士纪念碑2

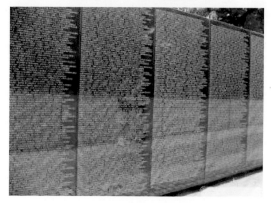

图4.39　美国越战阵亡将士纪念碑3

图4.40　美国越战阵亡将士纪念碑4

（4）创意景墙和生态景墙　如图4.41所示，通过条石的凹进与凸出，产生同一质感的对比，错落的墙面形式，气质上形成强烈的反差。且景墙的肌理变化产生清晰的轮廓，可以塑造光影效果，使空间更加富有层次。

如图4.42所示，通过巧妙变形，还能成为孩子们的游乐设施。这是由asensio mah工作室设计的一个景墙类装置，它是专为加拿大魁北克的一个国际花园节设计的。与传统的低矮花园墙不同，这个景墙设计将一个普通的元素转变为一个现代的互动的元素，是一个临时性的入口结构，起伏的结构引导游客们的流通。

如图4.43和图4.44所示，在色彩单调的城市中大胆运用各种亮色，同样能受到市民的青睐。

图4.41　极富创意的景墙

图4.42　表层变换景墙

图4.43　公共空间色彩丰富的景观墙

图4.44　私密空间色彩丰富的景观墙

如图4.45—图4.47所示，生态景墙一般在墙体上铺设相应生活污水的管道，在管道上连接辅助管道，用于植物的无土栽培。水流通过水泵来输送，以此在墙上种植景观植物，美化环境。被植物净化过的尾水还可以用作拖地、灌溉等，进一步节约了水资源。虽然生态景墙极富观赏性和生态性，但这种景墙仍不多见，可能是技术、前期投入、后期管理等问题导致的。

4）景墙设计原则

（1）整体原则　景墙设计必须注意与周边环境的统一，许多景墙的设计就直接来源于环境所激发的联想。

图4.45　会所生态墙

图4.46　机场生态墙

图4.47　特拉法格广场的生态景观墙（由景观建筑师雪莱设计）

（2）个性原则　个性是任何艺术作品的生命，景墙必须通过审慎的设计赋予其独特的品质。

（3）文化原则　景墙应具有丰富的文化内涵，塑造高品质的文化特色。

5）景墙设计手法

（1）镂空　镂空可以避免墙所造成的封闭、紧迫感，使视线通透并保持空间的连续，达到空间的渗透和景观的互动，统一整个环境（图4.48、图4.49）。

图4.48　某公园镂空景墙

图4.49　某商业街镂空景墙

（2）透空　通过各种形式的透空可以形成框景,有助于增加景观的层次和景深,尤其在景墙后有优质景观或者搭配竹子、芭蕉等植物时,透空的效果更好(图4.50、图4.51)。

图4.50　竹质透空景墙　　　　　　　图4.51　新中式透空景墙

（3）组合　景墙的组合方式多种多样,可以不同高低组合的景墙错落搭配,也可以朝向不同的景墙相互交错搭配。

（4）科技　现代景墙的设计更多地使用科技手段,常见的如喷泉涌泉、水池搭配,加上强烈的灯光效果甚至优美动听的音乐,使景墙更具观赏性。

4.1.3　景窗

1）景窗的概念

景窗又称为砖框花窗(图4.52),主要位于厅堂的山墙或后包檐墙上,山墙部位的景窗其上通常设戗檐。

景窗的功能如下:

①通过景窗可以采光、透明、增加室内的宽敞感;

②通过景窗可以欣赏室外的景色,拓宽景色空间的层次和空间感;

③景窗通常以固定形式与砖细窗框连接,窗芯作成两层,中间配以整块玻璃(窗外有防雨条件的,没有外侧就是一块玻璃),达到挡风避雨的功能,一般不能开启,多为独立设计的窗。

还有一种景窗形式主要镶嵌在复廊的墙体中,也称为漏窗(图4.53)。

图4.52　苏州园林中花窗　　　　　　图4.53　苏州园林中漏窗

图4.54　木质景窗墙

2) 景窗的形式

景窗的窗框有长形、方形、菱形、圆形、六角形、八角形、扇形以及其他多种不规则形状(图4.54)。从构图上看,景窗的形式大致可分为几何形和自然形两大类。几何形常将菱花、万字、水纹、鱼鳞、波纹等基本形式进行多种手法的构成。自然形常带有主题性,花鸟鱼虫、梅兰竹菊、神话传说等都可作为构图的内容,或金鱼戏水,或孔雀开屏,或翠竹秀色,或古梅倩影,让游人流连忘返。景窗的窗芯也一样繁多,窗外有景可观、美丽如画的常用中间以大的方棚(方、圆),四周配以图案,有回纹、冰裂纹、藤景、万字、葵字、龟背、八角、六角等不同形式;窗外需透景、分景时,窗芯图案由两个甚至多个基本图形混合而成,如万川回字形、万字书条式、乱冰片撑方棚、乱冰片穿梅、宫式八角灯景、葵式软脚撑方棚,等等(图4.55)。

图4.55　景窗的外形和窗芯图案形式

1.宫字万纹八六角式　2.宫式万字正方式　3.乱冰片撑长方棚六角式　4.步步锦正方式
5.八角灯景长八角式　6.十字海棠人字长方式　7.葵式软角万字长方式　8.插角撑方棚长方式
9.宫式万字撑方棚海棠式　10.藤景撑八角棚八角式　11.冰裂纹扇芯长方式

3）景窗的组成和材料

　　景窗由外框、窗框、边条、窗芯4部分组成，尺寸根据建筑物的比例而定。外框一般设水磨青砖拼合而成的砖框，窗框一般由木框组成，窗芯的图案变化丰富、种类繁多、形式多样。一种是景窗中心部位设有棂子，以方形、圆形、多边形为主，四周装饰有复杂的各种图案；一种是中间图案变化丰富，而周围的形式比较简单；一种是整个窗芯由图案组成，同漏窗或支摘窗相似。网师园小山丛桂轩的北墙正中，一正方形 1.6 m×1.6 m 砖框景窗，窗中心为直径 0.4 m 的圆形棂子，四周饰以冰裂纹格，透过中间玻璃，可见重峦叠嶂、山石嶙峋的云冈，令人产生深山幽谷之感，冬日观去，俨然赵佶的《雪江归棹图》，雪岭高耸、备见严寒、雄劲削瘦（图4.56）。留园的汲古得修绠和还我读书处、沧浪亭的翠玲珑、狮子林的燕誉堂和立雪堂、藕园的山水间等皆是此类型。

图 4.56　网师园小山丛桂轩的北墙冰裂格窗

4）景窗的做法

　　景窗在做法上，几何形多用砖、木、瓦等按设计的纹样制作，自然形古时多用木刻，或用铁片、铁条做骨架，再以灰浆、麻丝逐层裹塑，成形后涂以色彩、油漆即可。现多用钢筋混凝土、文化石及水磨石制作，做法更简洁、美观，塑造的窗花虽能形象地剖析景物，但不应流于自然。用钢筋混凝土可组成任意大小的窗花，但容易产生尺度过大的现象，因此在设计时一定要与所在的建筑物相关部分的尺度相协调、和谐。

4.1.4　花坛

1）花坛的概念

　　花坛是在一定范围的畦地上按照整形式或半整形式的图案栽植观赏植物以表现花卉群体美的园林设施。在具有几何形轮廓的植床内，种植各种不同色彩的花卉，运用花卉的群体效果来表现图案纹样或观盛花时绚丽景观的花卉运用形式，以突出色彩或华丽的纹样来表示装饰效果。随时代的变迁和文化交流，花坛形式也在变化和拓宽。

2）花坛的功能

　　花坛在环境中可作为主景，也可作配景，其形式与色彩具有多样性，花坛具有导航、阻隔、指示、观赏等多种功能。

3）花坛的分类

　　依据表现主题、布置方式及空间形式等不同，花坛有不同的类型。

　　以花坛表现主题内容不同进行分类是对花坛最基本的分类方法，可分为花丛花坛（盛花花坛）、模纹花坛、标题花坛、装饰物花坛、立体造型花坛、混合花坛和造景花坛图（图4.57、图4.58）。

图 4.57　模纹花坛

图 4.58　装饰花坛

按空间形式可分为平面花坛、高设花坛(花台)、斜面花坛以及立体花坛。

(1)平面花坛　平面花坛的表面与地面平行,主要观赏花坛的平面效果。包括沉床花坛或稍高出地面的平面花坛。

图 4.59　立体花坛

(2)高设花坛　高设花坛由于功能或景观的需要,常将花坛的种植床抬高,也称花台。

(3)斜面花坛　斜面花坛表面为斜面,与前两种花坛形式相同——均以表现平面的图案和纹样为主,设置在斜坡、阶梯上。有时也在展览会上以观斜面花坛的方式出现。

(4)立体花坛　立体花坛不同于前几类表现的平面图案与纹样,以表现三维的立体造型为主题(图 4.59)。

按运用方式可分为单体花坛、连续花坛和组群花坛。现代又出现移动花坛,由许多盆花组成,适用于铺装地面和装饰室内。

4)花坛的设计要点

花坛的设计首先应有风格、体量、形式诸方面与周围环境相协调,其次才是花坛自身的特色。

个体花坛的设计应从以下几点考虑:

(1)花坛的大小　个体花坛的设计包括花坛的外形轮廓、花坛的高度、边缘的处理、花坛内部纹样、色彩的设计、植物的选择等。作为主景设计的花坛是全对称的,如果作为建筑物的陪衬则可是单面对称。设在广场的花坛,它的大小应与广场的面积成一定的比例,一般最大不超过广场面积的1/3,最小不小于1/10。独立花坛过大时,观赏和管理都不方便。一般花坛的直径都在 8~10 m,过大时内部要用道路或草地分割构成花坛群。带状花坛的长度不少于 2 m,也不宜超过 4 m,并在一定的长度内分段。

(2)花坛的边缘　花坛的边缘处理方法很多。为了避免游人踩踏装饰花坛,在花坛的边缘应设有边缘石及矮栏杆,一般边缘石有磷石、砖、条石以及假山等,也可在花坛边缘种植一圈装饰性植物。边缘石的高度一般为 10~15 cm,最高不超过 30 cm,宽度为 10~15 cm,若兼作座凳则可增至 50 cm,具体视花坛大小而言。花坛边缘的矮栏杆可有可无,矮栏杆主要起保护作用,矮栏杆的设计宜简单,高度不宜超过 40 cm,边缘石与矮栏杆都必须与周围道路、广场的铺装材料相协调。若为木本植物花坛时,矮栏杆可用绿篱代替。

(3)花坛的高度 凡供四面观赏的圆形花坛,花坛栽植时,一般要求中间高、渐向四周低矮,倾斜角 5°~10°,最大 25°,既有利于排水又利于增加花坛的立体感。角度小时,可选择不同高度花卉增加立体感。带状花坛可供两面观赏或单面观赏。种植土厚度视植物种类而异,草本一、二年生花卉,保证 20~30 cm 土壤,多年生及灌木为 40 cm 厚的种植土层。

4.1.5 树池

1)树池的概念

当在有铺装的地面上栽种树木时,应在树木的周围保留一块没有铺装的土地,通常把它叫做树池或树穴。环境小品中树池的设计通常结合花坛、座椅,更具观赏性和使用价值(图 4.60、图 4.61)。

图 4.60 树池和花坛结合

图 4.61 树池和座椅结合

2)树池的功能

城市街道中无论车行道还是人行道都种植有各种树木,起着遮光蔽日、美化市容的作用。对树池进行一定的处理,则会使交通便利通畅,通行安全,同时美观的树池也会美化市容。

3)树池的分类

当前园林树池按处理方式可分为硬质处理、软质处理、软硬结合 3 种。

(1)硬质处理 硬质处理是指使用不同的硬质材料用于架空、铺设树池表面的处理方式。此方式又分为固定式和不固定式。如园林中传统使用的铁算子,以及近年来使用的塑胶算子、玻璃钢算子、碎石砾粘合铺装等,均属固定式。而使用卵石、树皮、陶粒覆盖树池则属于不固定式(图 4.62、图 4.63)。

(2)软质处理 软质处理是指采用低矮植物植于树池内,用于覆盖树池表面的方式(图 4.64)。

(3)软硬结合 软硬结合是指同时使用硬质材料和园林植物对树池进行覆盖的处理方式,如对树池铺设透空砖、砖孔处植草等(图 4.65)。

图4.62　硬质处理的树池

图4.63　硬质处理的树池

图4.64　软质处理的树池

图4.65　软硬结合处理的树池

4)树池的设计要点

①行道树为城市道路绿化的主框架,一般以高大乔木为主,其树池面积要大,一般不少于1.2 m×1.2 m,由于人流较大,树池应选择算式覆盖,材料选玻璃钢、铁算或塑胶算子。如行道树地径较大,则不便使用一次铸造成型的铁算或塑胶算子,而以玻璃钢算子为宜,其最大优点是可根据树木地径大小、树干生长方位随意进行调整。

②对于分车带树池,为分割车流和人流,利于交通管理,常采用抬高树池30 cm池内填土,种植黄杨、金叶女贞等低矮植物,并通过修剪保持一定造型,起到覆盖和分割交通的作用,在为地被植物浇水的同时,也为分车带树木补充了水分。设计时要兼顾必要的人流通行,选择适宜部位进行软硬覆盖,即采用透空砖植草的方式,使分车带绿化保持完整性,又不失美化效果。

③公园、游乐园、广场及庭院树池由于受外界干扰少,主要为游园、健身、游憩的人们提高服务,树池覆盖要更有特色、更体现环保和生态,所以应选择体现自然、与环境相协调的材料和方式进行树池覆盖(图4.66、图4.67)。对于主环路树池可选用大块卵石填充,既覆土又透水透气,还平添一些野趣。在对称路段的树池内也可种植金叶女贞或黄杨,通过修剪保持树池植物呈方柱形、叠层形等造型,也别具风格。绿地内选择主要游览部位的树木,用木屑、陶粒进行软覆盖,具有美化功能,又可很好地解决剪草机作业时与树干相干扰的矛盾。铺装林下广场大树树池可结合环椅的设置,池内植草。其他树池为使地被植物不被踩踏,设计树池时池壁应高于地面15 cm,池内土与地面相平,以给地被植物留有生长空间。片林式树池尤其对于珍贵的针叶树,可将树池扩成带状,铺设嵌草砖,增大其透气面积,提供良好的生长环境。

图4.66　具有装饰效果的大理石树池

图4.67　与水景结合的树池

4.1.6　水景

1) 水景的概念

自古以来,一直把水景作为环境景观的中心,挖地造池,池中建岛,池边造山,山上建亭,亭边植花木。早在周文王时期,先秦宫苑内就是灵沼作为人造水景,养鱼放鹤。秦汉时期形成"一池三山"布局模式,并一直影响着后来园林理水的发展(图4.68)。

随着现代城市的发展,水景设计及建造技术,包括生态水景已发展得相当迅速。现在,在城市广场、住区、公共建筑周围及公园等地广泛地建造了各种水景设施。水景就是园林设计中的一个重要元素,是人们生活和娱乐休闲活动中离不开的元素(图4.69)。

图4.68　网师园水景

图4.69　现代园林对于水景的设计

2) 水景的功能

水景常常为城市绿地某一景区的主景,是游人视觉的焦点。在规则式园林绿地中,水景小品常设置在建筑物的前方或景区的中心,为主要轴线上的一种重要景观节点。在自然式绿地中,水景小品的设计常取自然形态,与周围景色相融合,体现出自然形态的景观效果。

概括地说,水景包括以下几项功能:

(1)空间的引导　小规模的水池或水面,在环境中起着点景的作用,成为空间的视觉焦点。

（2）空间的层次　水景作为视觉对象,应有丰富的视觉层次(灵活组织点、线、面式水景,可采用叠合的方式形成立体水景,构成三维空间增加层次感)。

（3）自然环境效应　净化大气,调节空气湿度,调节气温,造景,养殖水产品。

（4）生态效应　减少空气中的尘埃,增加空气湿度,降低空气温度。

（5）物理效应　水珠与空气分子的撞击能产生大量的负氧离子、自然的雨水形成景观、雾凇、冰雪。

3）水景的分类

水景小品主要是以设计水的 5 种形态(静、流、涌、喷、落)为内容的小品设施。

（1）跌落——瀑布形态方式　水景中的瀑布通常指人造的立体落水,按其跌落的形式分为滑落式、阶梯式、幕布式、丝带式等多种,并模仿自然景观,采用天然石材或仿石材设置瀑布的背景和引导水的流向(图 4.70)。

（2）流淌——溪流的形态方式　水景设计中的流淌形式多种多样,其形态可根据水量、流速、水深、水宽、建材以及沟渠等自身的形式而进行不同的创作设计。其中自然式流淌的溪流中,为尽量展示小河流的自然风格,常设置各种景石,如隔水石、切水石或破浪石、河床石、垫脚石、横卧石等(图 4.71)。

图 4.70　瀑布形态的水景　　　　　　　图 4.71　溪流形态的水景

（3）停留——水池形态方式　水池是水景中的平面构成要素,主要分为点式、面式和线式。

①点式:指最小规模的水池和水面,如饮用和洗手的水池、小型喷泉和瀑布的各阶池面等。尽管它的面积有限,但是它在人工环境中起到画龙点睛的作用,往往使人感到自然环境的存在。

②面式:指规模较大、在空间中起到相当控制作用的水池。水池可以以单一的池体出现,也可为多个水池的组合。水池平面造型的多样化取决于其所在的开放空间的性质、形态、观光路线、功能用途、内容等。

③线式:指比较细长的水池,在空间具有很强的分划作用或绵延蜿蜒之感。在线式水池中,通常采用流水,以加强其线形的动势并将各种水面连接起来,形成有机的整体(图 4.72、图 4.73)。

（4）喷射——喷泉形态方式　喷泉主要是以人工喷泉的形式出现在城市环境中,除了在城市广场、公园、街道、屋顶花园和庭院中起到修景作用外,还以其立体和动态的形象在这些环境中兼具引人注目的地标作用,也是烘托和调整环境氛围的要素。喷射进行水造型的水景,其水姿多种多样,如蜡烛形、蘑菇形、冠形、喇叭花形以及喷雾形。喷水高度不一,有垂直喷水高达数十米的高达喷泉,也有高约 10 cm 的微型喷泉。

图4.72 水池

图4.73 水池

　　喷泉与瀑布、水池本来就是一个整体,这是喷泉最常见的结合方式。除此之外,在城市环境中,喷泉还可以与许多环境设施结合,比如雕塑、景墙、阶梯、灯柱等。近年来,音乐喷泉与声控喷泉也越来越多。有些城市还将雕塑等现代艺术和机械技术运用于喷泉设计之中,引起了市民的兴趣和好奇(图4.74—图4.76)。

图4.74 喷泉

图4.75 喷泉

图4.76 水景与小品的结合

4)水景的设计要点

　　水是景观设计中必不可少的元素,无论是静止的水、流动的水、喷发的水、跌落的水都给城市增加了魅力。在城市设计中,喷泉、瀑布和水池往往密不可分。我们在设计中应注意以下问题:

（1）尺度　要充分考虑环境空间与水景的尺度关系、水景要素之间的尺度关系以及人与水景间的尺度关系。

（2）光影　水景在开放空间的位置和重点水花造型的方向、角度,使水景始终处于阳光的映衬之中。周围树木和建筑的落影、水景设施本身的阴影以及水面的倒影也是设计师应该推敲的地方。大面积的水景如果经常处于落影之中,将使水景染上过重阴郁、悲凉的效果。除了白天的阳光外,夜晚灯光也是不可忽视的问题。利用水无色透明的特性可以营造出各种不同的效果。平静的水面可以反射周围的景象,因此,对水面旁边的景物进行打光可以与水面形成动人的风景。对于流动的水景,常用的手法是从下部打光,彩色的光会随着水体动态而变化,形成一定的光效。

图4.77　苏州博物馆水景

（3）材料　在水景设施中,通常以块石、原石建造半自然的水池、落坡和水景,砖用作铺砌水池表面,金属用作小水池和饰物的构件。水泥是构筑水池结构的通用材料,预制水泥常用作喷泉瀑布的基础和其他铺垫构件。水景设施饰面材料的色彩以烘托水并与环境色彩相呼应为宜,材料的质感以及材料间的勾缝要适于远、中、近的不同感受。

（4）特征　人工水景的设计可以表达设计师的情感。每一个环境、每一处水景,其特征决定于它的主题,而最重要的是其真实性和生命感(图4.77)。

（5）构架　水是动态的造景元素,水景要像道路一样表明其来龙去脉的方向认同。在某一街道、庭院和广场中,这种构架可以浓缩为一体,通过有限的空间完成发源、表现、展开和收束等系列过程,也可以在较开阔的空间中予以充分的表现。静水或是孤立的喷泉、跌水是对人们想象力的一种约束。如果不是在某种特定环境中,这种水景常使人感到困惑和迷茫。

（6）亲水　水是人们生活中不可缺少的一部分,它的一个很重要的特征就是可以触摸到、感受到。现代城市中也应尽可能创造亲水环境使人们从观水中获得不同的心理感受,如广场上的喷泉可以带给人们活跃和激情。当然,人们不仅仅只满足于视觉享受。通常,人们都比较喜欢接触水,所以让人们近水、亲水是使水景更具吸引力更生动的方法(图4.78、图4.79)。

图4.78　亲水水池

图4.79　亲水水景

4.1.7　铺装

1）铺装的概念

　　园林铺装是指用各种材料进行的地面铺砌装饰,其中包括园路、广场、活动场地、建筑地坪等。园林铺装,不仅具有组织交通和引导游览的功能,还为人们提供了良好的休息、活动场地,同时还直接创造了优美的地面景观,给人美的享受,增强了园林艺术效果。

2）铺装的功能

　　地面铺装应具有耐损防滑、防尘、排水、容易管理的性能,并以其导向性和装饰性服务于整体环境。

3）铺装的分类

　　景观铺装按材料分为两大类:

　　（1）软质铺装　即草坪、地被等（图4.80）。

图4.80　草坪铺装

图4.81　草坪与汀步结合

　　（2）硬质铺装　园林铺装以硬质材料为主（图4.81—图4.83）。其中天然材料有石板、乱石、块（条）石、碎大理石片卵石等;人工材料有混凝土砖、水磨石、斩假石、瓦、沥青混凝土、青砖、大方砖、水泥预制块等。通过硬质铺装材料的组合使用可以强调不同场所的性质、用途、氛围。

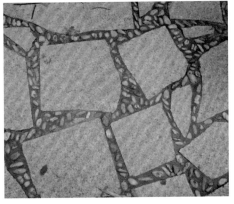

图4.82　卵石与石板结合

图4.83　卵石与石板结合

4)铺装的设计要点

（1）色彩　地面铺装的色彩一般是衬托风景的背景，或者说是底色。地面铺装的色彩一般以沉着为宜，色彩的选择应当为大多数人所接受。它们应稳重而不沉闷，鲜明而不俗气。色彩应与环境统一，或舒适、自然，或热烈、粗犷，或宁静、安定（图4.84、图4.85）。

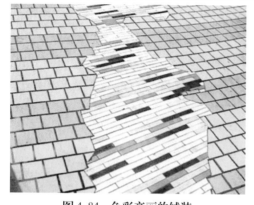

图4.84　色彩亮丽的铺装　　　　　　图4.85　铺装色彩与环境统一

（2）质感　地面铺装的美，很大程度上也要依靠材料本身质感的美。材料表面质感具有强烈的心理诱发作用，不同的质感可以营造出不同的氛围，给人不同的感受。质感与环境有着密切的联系，同时，质感的变化也要与色彩变化均衡相称。

（3）图案纹样　铺装的形态图案，是通过平面构成要素中的点、线、面得以表现的。纹样起着装饰路面的作用，而铺装的纹样因场所的不同又各有变化。例如，一些砖铺的直线可以增强空间的方向感，而有些直线则会增强空间的开阔感。许多图案纹样会产生很强的静态感，如规则的对称形状产生宁静的氛围，这些可以应用在休闲区域。同样同心圆图案以一些卵石等铺装材料布置在地面或广场的中央会产生较强的视觉效果（图4.86、图4.87）。

图4.86　图案多样的铺装　　　　　　图4.87　图案多样的铺装

（4）尺度　路面砌块的大小、砌缝的设计、色彩和质感等都与场地的尺度有着密切的关系。一般情况下，大场地的质感可以粗一些，纹样不宜过细；而小场地的质感不宜过粗，纹样也可以细一些。

（5）生态　路面设计应多采用上可透气、下可渗水的生态、环保铺装。道路铺装要与周围景观相协调，自然、野趣，少留人工痕迹。铺装设计要注意透水、透气，以免积水（图4.88、图4.89）。

图4.88　透水透气性较好的铺装

图4.89　生态铺装

4.1.8　假山置石

1)假山置石的概念

　　假山是指用人工堆起来的山,是从真山演绎而来,人们通常所说的假山实际上包括假山和置石两个部分。假山是以造景游览为主要目的,运用传统与现代工艺充分地结合其他多方面的功能作用,以土、石等为材料,以自然山水为蓝本并加以艺术的提炼和夸张,是人工再造山水景物的统称。假山的体量大而集中,可观可游,使人置身于自然山林之感。置石是以山石为材料作独立性或附属性的造景布置,主要表现山石的个体美或局部的组合而不具备完整的山形。置石体量较小而分散,主要以观赏为主,结合一些功能方面的作用,体小而分散。

2)假山置石的功能

　　①作为自然山水园的主景和地形骨架;
　　②作为园林划分空间和组织空间的手段;
　　③运用山石小品作为点缀园林空间的陪衬建筑、植物的手段;
　　④用山石作驳岸、挡土墙、护坡和花台等;
　　⑤作为室内自然式的家具或器设。

3)假山置石的分类及特点

　　(1)假山类型及特征
　　①庭山:堂前叠石多作观赏,可如屏、如峰列置,取崇山峻岭之意,更多是以姿态较佳的树配以若干山石,成掇山小品。计成《园冶》载:"或有嘉树,稍点玲珑石块。不然墙中嵌埋壁岩,或顶植卉木垂萝,似有深境也。"修建在厅堂前的叠石,叫"厅山"(图4.90)。
　　②壁山:又名"峭壁山",为古典园林的造景手法之一。多见于江南较小庭院内,是在粉墙上嵌埋壁岩,叠石呈壁状,或依墙壁叠石(图4.91),或在墙中嵌山石成石景、山景。其优点是占地很少。

图4.90　北京颐和园乐寿堂青芝岫

图4.91　苏州拙政园海棠春坞庭院

③楼山：为古典园林的造景手法之一。以叠山作为楼阁基础，或叠石作石洞、石屋，于其上建楼阁称楼山，是建筑与山景结合的手法；叠石还可以做成自然踏跺（图4.92），作为楼阁的室外楼梯，处理自然得宜，兼有造景作用，称"云梯"。

④池山：在水中叠石为山，多用于尺度不大的庭院中，可兼得山水之妙。若处理合宜，可有峰、峦、洞、穴、涧、谷、石壁之美，具有深山幽谷、咫尺山林的意境（图4.93）。

图4.92　苏州拙政园

图4.93　苏州环秀山庄假山

（2）置石类型及特征

①特置（单点）（图4.94）

a.石材体量大，有较突出的特点；

b.充分发挥单体山石的观赏价值；

c.平面布置设计平面，作为局部的构图中心，放在多个视线的焦点上，在主要观赏面前给游人留出停留的空间视距，一般为25～30 m，视距要限制在要求范围内，视距 L 与视高 H 要符合 $H/L = 2/8 - 3/7$；

d.立面布置设计方面，一般放在平视的高度，可选用沉重、厚实的基层来突出特置石，主要观赏面变化丰富、特征突出；

e.工程结构设计方面，要求稳定、耐久，掌握山石的重心线，保持平衡。

②对置（图4.95）

a.一般在庭园门前两侧，起到装饰环境的配景作用；

b.石形有一定的奇特性和观赏价值；

c.两块山石形状不对称，大小高度可一致也可不一致。

图4.94 冠云峰

图4.95 拙政园内两石对置

③散置（散点）（图4.96）

a.有自然的情趣，不使人感到凌乱散漫或整齐划一；

b.运用范围广，可用于山脚、山坡、山头、池畔、林下、花径中、路旁；

c.为种植、保持水土创造条件。

④群置（大散点）（图4.97）

a.关键在于"活"，要求石块大小不等、体形各异，布置时疏密有致、前后错落、左右呼应、高低不一；

b.运用很广。

图4.96 园林一角

图4.97 苏州狮子林

⑤山石器设（图4.98）

a.作为休息用地的小品设施，宜布置在树木遮蔽之处；

b.点缀环境，增加自然气息。

⑥山石与水域结合（图4.99）

a.可以营造出各种类型的驳岸，如条石可以形成规整、有条理、严谨、有气势的景观效果，不规则石体用于溪流、湖泊，可形成自然、丰富的景观效果；

b. 用来点缀湖面,作小岛或礁石。

图 4.98　苏州留园

图 4.99　无锡寄畅园假山驳岸

⑦山石与植物结合

a. 花台个体平面轮廓应有曲折、进出的变化,组合花台应大小相间、主次分明、疏密有致、若断若续、层次深厚;

b. 立面轮廓要有起伏变化;

c. 断面和细部要有伸缩、虚实和藏露的变化。

4.2　服务类环境小品

4.2.1　标志牌

1) 概念

标识作为信息传播的媒介体,是城市环境和园林景观的构成要素,也是环境设施大家族的重要成员。在现代城市园林绿地中,存在着很多标识,如常见的标识牌、指标、揭示板、解说板、注意标识、名牌等,它们起着向游人指引路线、提供必要的信息等多种功能,是现代园林景观中不可缺少的一个组成部分。

2) 功能

标识不仅仅是向大众传播信息、介绍情况,在城市环境中还分担着装饰、导向、分划空间的职能,因此造型设计应考虑在景观环境中易于识别的统一性及区别于其他领域的个性,造型不能拘泥于某一定式,而要因地制宜,根据当地情况设计出各种各样的形状,使之与周围环境能调和。

3) 类型

(1) 警示标志　一般为了防止灾害、保护自然、维护公共道德,通常利用警示标识。主要有警告标识和管理标识。警告标识是由于安全的需要而设立的标识,如公园的危险处、凶猛野兽的出没区、不能攀缘的山体等,常用较醒目的黄色标识向游人提出警告。管理标识是向游人宣传游园的管理规则、开放时间以及社会公德的一些常识,如提醒游人勿折花草、勿践踏草坪等。这类标识一般要设计得简单明了、通俗易懂,很多都用图片的方式表达(图 4.100、图 4.101)。

图4.100 草坪警示标志

图4.101 花木警示标志

（2）指示标志 指示标志常出现在园路旁或是入口等，主要说明距离、方向、时间等，其目的是为了指引游人录像，帮助游人确定园内的具体位置以及某些目的地的具体方位等，为了方便游人观看，此类标志一般较高（图4.102、图4.103）。

图4.102 南京明城汇指示标志牌

图4.103 苏州古典园林中指示牌

4）材料选择

标识的材料应具有耐久性，可抗风雨日晒。适于做标识的材料多种多样，既有人工材料，又有自然材料。

（1）人工材料 人工材料主要包括水泥、铸铁、不锈钢、铝材、塑胶等，其中水泥经济实惠，坚固耐用，但较笨重，通常用于构筑较大型的牌示，或通过一定的手法做成仿自然的材料；而不锈钢等金属材料体量轻盈，美观大方，但寿命较短，一般宜布置于屋檐下或在金属表面涂油漆等加以保护（图4.104、图4.105）。

图4.104　南京河西中央公园指示牌（材质：钢材）

图4.105　上海延中绿地指示牌（材质：塑胶）

（2）自然材料　自然材料主要包括木材、竹材、石材等（图4.106、图4.107），其中木材能反映植物的本质，易与周围植物协调，是园林中常用的标识材料，但其本身易于腐朽，须采用一定的人工保护措施；竹材更能直接反映出竹子的特点，适于应用在竹林边；石材朴实稳重，可布置于岩石园附近。

图4.106　成都活水公园指示牌（材质：木质）

图4.107　南京河西中央公园指示牌（材质：石材）

选用人工材料还是自然材料，要依标识所处的环境而定，在现代气息为主的建筑物旁边，选用人工材料做成的标识能同环境相互映衬，而在古色古香的园林之中，却需要自然材料做成的标识与之配合（图4.108、图4.109）。

图4.108　上海徐家汇公园指示牌（材质：金属＋石材）

图4.109　苏州拙政园标志牌（材质：木质）

5) **标志牌的设计要点**

(1) 设计风格　全园的标志牌要一并设计,做到风格统一,在造型上可以存在变化。最好是中英文结合,而且图文并茂(图4.110—图4.112)。

图4.110　南京明城汇标志牌1

图4.111　南京明城汇标志牌2

(2) 标识的内容　应以简洁、单纯、明快为主,这就需要设计适宜的内容,并恰如其分地搭配色彩。标识的内容应以图示为主,因图示表达内容最为直观,且给人的印象深刻(图4.113)。

图4.112　南京明城汇标志牌3

图4.113　南京河西中央公园标志牌

(3) 地点选择　标识的主要功能是让游人能清楚地理解设计者所表达的信息,因此标识的地点选择一定要显眼,要保证其在正常状态下有最大的能见度,要易于被人们发现,又不在环境中过于显目。故其位置一定要在游人常经过的路边或道路交叉口中央、建筑物和公共场所出入口、广场出入口附近为宜(图4.114、图4.115)。

图4.114　南京小桃园入口标志牌

图4.115　南京七桥翁湿地公园入口标志牌

4.2.2 座椅

1)概念

公共座椅广义上的概念是供人群公共性活动之用的满足坐、倚靠功能的用具,它是决定公共空间功能的物质基础和表现公共空间形式的重要元素,也是环境小品中最基本的组成部分。它既是为欣赏周围环境所设,也是组成景观的重要亮点。

2)功能

随着生活水平的提高,越来越多的人喜欢开展各种各样的活动,而坐是人们在开展活动时的基本需求之一。在休闲空间中为人们提供一些休憩交流的空间是十分必要的。它可以让人们拥有一些较私密的空间进行一些特殊活动,如休息、阅读、晒太阳、交谈等。休闲座椅设计的好坏在很大程度上影响着活动空间的品质。创造良好的条件让人们静坐下来,营造舒适的"坐"的空间,才可能有较长时间的逗留来进行各种活动。而休憩活动的主要设施就是座椅,因此座椅的设计和布置是决定人们是否愿意停留的关键。

3)类型

(1)按照形式分类 公共座椅首先按照形式的不同,可以分为两大类:一种是独立形式(图4.116),适合单独或两人坐;一种是连排式(图4.117),适合多人坐。选择哪种形式应该根据空间的需要而定。

图 4.116   独立式座椅的艺术设计

图 4.117   公园内的连排式座椅

(2)按照材料分类 按照使用材料的不同,公共座椅常用的材料包括木材、石材、金属、塑料、玻璃、混凝土、竹藤等。我们传统最常使用的就是木材和石材,随着现代园林景观的不断发展,为了增强座椅的设计性,新型材料的使用也开始逐渐增多,金属、塑料等材质的应用更加广泛。

木材的触感好、美观、安全,以其凸显自然、朴实、生态、健康和高品位的特性,给人一种宜人性的感觉。但是木材防腐性能差,造价比较高,同时也容易遭到破坏。露天设施以选择坚硬耐用、耐腐蚀的材料为好,以便其本身的自然美能更好地发挥,为庭园小品增色。

石材质地坚硬,耐酸碱、耐腐蚀、耐高温、耐光照、耐冻、耐摩擦、耐久性好,外观色泽可保持百年以上。另外花岗石板材色彩丰富,晶格花纹均匀细致,经磨光处理后光亮如镜,质感强,有华丽高贵的装饰效果。而没有装饰过的块材具有古朴坚实的装饰风格,能够与自然环境和谐统一。但是由于石材加工技术有限,其形态变化较少。

常见的金属座椅(图4.118)基材为板材、线材、型材等,金属材料的抗拉强度、抗剪强度、弹性、韧性等机械性能非常卓越。铸铁的优点是强度高,使用耐久;其缺点是性能比较脆,容易破碎,甚至断裂。

竹、藤材座椅的用材是速生的天然材料,生长周期快,成材早,产量高,且竹子砍伐后可再生,因此,竹、藤材在现代座椅中的开发利用符合生态思维的原则(图4.119)。以竹、藤材为原料生产出来的座椅不会对环境产生有害物质。竹、藤材具有密实、坚固、轻巧和柔韧等特点。竹藤也可与其他材质一起结合使用,发挥各种材质的特长,使座椅造型更为丰富多彩。

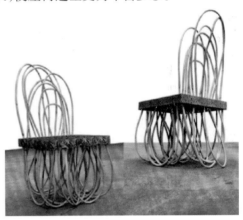

图4.118　街头的金属制座椅组合　　　　　图4.119　竹、藤材质座椅的个性设计

塑料材料在座椅中的应用比较广泛。塑料具有较高的强度,虽然没有金属那样坚硬,但与玻璃、陶瓷、木材相比,还是具有比较高的强度和耐磨性,它还具有耐腐蚀性,塑料既不像金属那样在潮湿的空气中会生锈,也不像木材那样在潮湿的环境中会腐烂或被微生物侵蚀,另外塑料还耐酸碱的腐蚀。它具有非常好的特性,对于公共座椅的使用有着很好的前景。

玻璃材料同塑料一样会具有人造物的感觉,用于室内会比较高档,用于室外易碎,可能会不太适合,但是用在特殊环节会有特殊的效果。

近年来,座椅的设计也越来越富于艺术感。对于座椅的功能也开始丰富起来,不再仅仅局限于休憩的作用,比如将座椅与桌面相结合考虑(图4.120),可以更加方便人们使用;也可以将座椅与灯具相结合进行设计(图4.121),以达到夜间独特的观赏效果。在设计的时候可以使用多种手法使景观变得多样化,普通的连排式座椅稍作改变就可以形成很多不同的造型,多种多样的设计也可以使景观更加丰富。将座椅的功能与围合或分隔绿地的功能相结合(图4.122),这就使座椅的功能更加多样化,同时绿地也给人一个很好的休息环境,让人在使用时心情更加放松。将座椅与树池结合也是最近几年非常流行的设计手法。有时也可以采取一些具象的方式进行设计,可以赋予小品特定的含义或摆放在特定的场合,使小品融入场景之中(图4.123),形成一个统一的整体,有趣的造型还可以增加游览休息时的趣味性。同时还有很多异型座椅(图4.124)或大型的艺术品式的座椅(图4.125)开始出现在我们的视野中,这些座椅一般具有强烈的视觉冲击的效果,适合用于开阔的场地或室内之中,但一定要注意与周围场景的协调性。

图4.120　将座椅与桌子相结合

图4.121　将座椅与灯具相结合

图4.122　用座椅的形式围合、分隔绿地

图4.123　户外心形座椅

图4.124　户外异型座椅

图4.125　大型艺术品外观的座椅

4)座椅的设计要点

（1）座椅的舒适度　设计座椅时首先要考虑的因素是舒适度。不同区域内的座椅需要不同的舒适度。例如,位于商业步行街上的座椅和位于公园内的座椅,它们对舒适度的要求是不一样的。此外,舒适度也和其他一些因素有关。例如,在某一区域内座椅的使用者主要是少年儿童,而孩子们通常会坐在座椅的靠背或扶手上。这样,那些由宽大且厚重的木板构成的座椅也许更适合孩子们,因为它们沉重而结实,尽管把两块厚木板换成十根细木条的座椅会让人更舒适些。所以,在为某一特定区域设计座椅时我们需要综合考虑所有的因素。

（2）座椅的外观　在设计座椅时还需要考虑外观的因素。座椅必须与它所存在的环境相得益彰(图4.126)。一个城市有自己的性格,城市中不同区域有自己的个性,区域内不同的街道、广场有自己的特色,而座椅可以看成是这种个性或特色的延伸。设计优良,将环境修饰得恰如其分的座椅会引起区域内人们的共鸣,大家喜爱它们就会更爱护它们。反过来,这对于座椅免受破坏也是一种促进。绝大多数市民比较喜欢木制长椅,然后是台阶、花池以及石质座位和地面。

图 4.126　某高端小区内的休息座椅

(3)座椅的尺度　座椅的尺度也是在设计时需要重点注意的部分。户外休闲座椅的尺度不像室内因为座椅功能明确而尺寸范围较小。室外休闲座椅根据具体使用环境其尺寸范围较大,如空间狭小而又有较大的坐的需求时,台阶、花坛稍加设计一样可以成为座椅。但是普通的户外休闲座椅高度在 38 ~ 40 cm,椅面宽度在 40 ~ 45 cm,单人座椅长度 60 cm 为宜,多人依此类推,靠背 35 ~ 40 cm,靠背倾角为 100° ~ 110°。

5)座椅布置位置的处理方式

休闲座椅的布置与人们在公共空间中坐的环境有着密切的关系。不同形式和造型的座椅应布置在与之相适应的环境中,使之能够很好地融入周围环境。同时在布置座椅的时候还要考虑到很多其他因素,如座椅能够很好地为人们服务,而又不会影响到其他人的户外活动。

(1)座椅的私密性与可见性之间的关系　不同的使用群体对座椅的使用需求是不一样的。年龄的差异、性别的差异、文化的差异和喜好的差异都会在一定程度上使不同的使用群体选择不同位置的座椅来获得私密性。因此在座椅位置的布置上就应进行多元的考虑,满足不同使用群体的特定需求。座椅的位置应该考虑到最基本的心理需求,若座椅位于道路两侧,设置休闲座椅时应避免相对布置,而应选择交错布置,避免使用者目光的直接接触,缺乏相对的私密性。

(2)座椅的领域感　就像每个人都需要一定的空间一样,人们在使用休闲座椅时,也希望自己的领域不被侵犯。这就需要根据户外空间的实际情况来决定座椅的数量及位置。每个人的领域感都会根据人群密度的变化而变化,个人领域被侵犯会使使用者感到不安和焦虑。休闲座椅尽量布置在凹处、道路尽端,座椅两端与其他空间有所划分,以保证使用者的领域不受打扰和侵犯。若休闲座椅布置在户外空间空旷处则会让人感到不安和焦虑,缺乏安全感,这就降低了休闲座椅的使用率,使其失去了休闲座椅存在的意义。

同时在布置休闲座椅时不仅要考虑使用者的心理感受,还要考虑到休闲座椅的朝向,具有良好视野而又不受外界干扰的休闲座椅是很受使用者们欢迎的。这样的休闲座椅可以让人们停留得更久。

(3)座椅与周围环境　休闲座椅的使用率高低跟微气候有着密切的关系,研究表明冬季和夏季人们享用户外空间的频率较春季和秋季明显降低。因此在布置休闲座椅的时候应该考虑到光照、风向、噪声和温度等因素的影响,选择合适的位置使人们最大限度地使用空间。

4.2.3　垃圾箱

1）概念

　　垃圾箱是收集废弃物的小型装置，在一些公共绿地中，常常会因为垃圾箱数量以及摆放位置使得垃圾四处堆放，给美丽的环境带来了大大的污点（图4.127）。

图4.127　常见的垃圾箱类型

2）功能

　　垃圾箱主要是为了收集以及贮存垃圾而设计，但垃圾箱不仅仅是为人设计的，更重要的是为场地设计的，垃圾箱应该与周围环境融为一体，不应当是简单机械地摆放到每个角落，至少在视觉上应该让人感觉是舒服的，在心理上是愉悦的。它与周围环境融为一体，给人以美感和视觉上的享受，更增添了城市的美感。

3)类型

垃圾箱在材料的使用上并无具体的要求,一般结合所放置的环境进行考虑,因此在类型上也比较多样化(图4.128—图4.132)。

图4.128 某游乐场中仿章鱼形垃圾箱

图4.129 某游乐场中鱼唇形垃圾箱

图4.130 单体仿树桩设计的垃圾箱

图4.131 连体仿树桩设计的垃圾箱

4)垃圾箱的设计要点

(1)垃圾箱的高度 优秀的垃圾箱不仅要便于将垃圾投入,也要便于将内腔取出和清理。垃圾箱的高度一般应小于正常人立姿双手功能上举高的一半,公共垃圾箱的高度应为800~1 100 mm。

(2)垃圾投入口 垃圾箱的垃圾投入口应该满足绝大多数人的使用需求:上边缘不低于95%的手功能高,下边缘不高于5%的肘高,这样高个的人不需下蹲,矮个的人不需费力上举就可以使

图4.132 某古典园林景区中垃圾箱设计

用垃圾箱。只有便于使用，才能更有利于人们改变随手乱扔垃圾的坏习惯。

垃圾投入口的开口高度要足够大，以便路人能把垃圾顺利投入；又不应过大，以免人们因见到垃圾箱内的垃圾产生厌烦的心理；同时开口过大，雨水就容易溅入垃圾箱内，使垃圾箱内的垃圾腐烂而导致细菌增生，危害环境。公共垃圾箱存放的垃圾一般为瓶、罐、纸等轻便的废品，所以开口的大小要大于瓶子的直径，一般垃圾箱入口下边缘应在 650 ~ 800 cm。

严格按照现行标准，设置不同类别的垃圾箱，并清楚标示区分，方便垃圾收集及处理。

（3）设置地点　垃圾箱的设置一般要结合场地的整体布局以及游览线路等，同时要在场地的售卖处、停车场等位置增加垃圾箱的数量。

4.2.4　电话亭

1）概念

公用电话亭是室外环境尤其是现代建筑广场与街道环境中不可缺少的重要公共设施，是最具现代特色的城市公共设施。它的形象水平反映一个国家和地区通讯技术的发展状况，也是显示当地环境条件是否进入国际化程度的标志。

2）功能

公用电话亭是对人们使用电话的特点与美化环境的功能进行的设计。根据人的立姿的生理形态和环境特点，对公用电话亭的设计应符合人体工程学的特点，提出更符合人体立姿结构尺寸和方便使用的公用电话亭设计，以提高人们使用电话的舒适性，适应人体的健康需要，美化城市环境。

3）类型

（1）按照形式分类　公共电话亭在形式上主要分为封闭型与开放型。

①封闭型的电话亭：是为了公民使用电话时，防风雨、防严寒，多为直立式。在闹市区，为防噪声的干扰，公用电话亭宜采取封闭式（图4.133）。封闭式公用电话亭对使用者来说能有个比

图 4.133　上海街头的电话亭

图 4.134　水果造型的电话亭

较好的私密空间,也能隔绝周围外部嘈杂环境的影响,有利于通话。但内部空间空气容易流通不畅,炎热的夏季更让使用者感觉到闷热。

②开放式的电话亭:比较节省空间,只需要很小的地方就可以使用,并且使用比较方便(图4.134)。但话机完全裸露,容易被飘进的风雨损害,且易脏,不方便清洁话机与话亭。置于街道旁的公用电话亭,其所处环境太嘈杂,使用者在通话时受影响较大,不能很清晰地听清楚对方的声音,并且没有私密性。

(2)按照材料分类　按照使用材料性质的不同来分类,电话亭主要使用的材料有金属材料、木质材料以及工程塑料等。

①金属材质的电话亭(图4.135):适用于车行速度较高的街道,这类电话亭结构形式要易于识别,同时外表的样式可以有多种变化,但不宜太复杂,避免影响识别性。在设计这类电话亭时也要考虑所处地域周围一些明显的标志性建筑物或构筑物,突出其不同类型街道的特点,从而加强其可识别性。

②木质材料的电话亭:适用于生活性街道和步行商业街(图4.136),但也可以和钢结构以及玻璃相结合,使得空间从感觉上明显增大,人们对周围环境的观察感也更加强烈,对环境景观的审美要求也更高。因此,这样的电话亭对景观要素要求更高,要更加巧妙地构思和精心设计。

图4.135　金属材质电话亭

图4.136　木质复古电话亭

工程塑料材质的电话亭适用于生活性较强的街道,颜色鲜艳,成本较低,易于清洁(图4.137)。

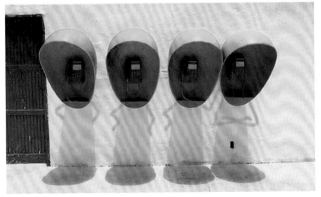

图4.137　国外工程塑料材质的趣味电话亭

4）电话亭的设计要点

电话亭在设计时要考虑到以下几点功能问题：

①阳光无论是任何角度都不能照射到话机的显示屏。

②话亭能为话机挡雨。

③能经受 10 级以上的大风,并且能防止人为地推、摇、撞。

④有时要有一定的平面延展空间,便于发布信息。

⑤电话亭内还应设置灯具和搁包台架以方便人们使用。

电话亭在设计时应考虑视觉通透的原则,因此封闭式的电话亭通常使用玻璃进行围合(图 4.138)。在进行封闭式电话亭设计时,应该适当考虑到通风透气的功能,以便使用者在里面不会感觉太过闷热。

在造型上,设计时应遵守艺术性的原则,让电话亭的外形首先可以吸引住人的眼光,引起人的好奇心或兴趣,从而达到提高电话亭使用率的目的(图 4.139、图 4.140)。

图 4.138　全玻璃质电话亭

图 4.139　人脸造型的电话亭

图 4.140　将动物形状的构架与电话亭相结合

　　电话亭的设计也应考虑与周围的环境相结合,造型与色调都应与场地相融合,使其形成一个和谐统一的整体。在进行某些特定场地的电话亭设计时,设计师在这块区域内想表现的主题或情境也可以通过电话亭的风格体现出来(图4.141、图4.142)。

图4.141　国内某仿古建筑旁的电话亭

图4.142　某公园里建筑形式的中国风电话亭

　　在进行电话亭的设计时也可以考虑将另类与搞笑的元素加入其中,使电话亭在满足功能性需求的同时造型也能具有更多的新意(图4.143),给人以不一样的新体验,同时满足作为服务类设施应具备的醒目的要求。但在设计的同时也应注意不能太过于突兀,应立足于与整个环境相协调的前提下进行。

图4.143　深圳彩虹村的趣味电话亭

4.2.5　候车亭

1)概念

　　候车亭一般是与公交站牌相配套的,为方便公交乘客候车时遮阳、防雨等,在车站、道路两旁或绿化带的港湾式公交停靠站上建设的交通设施(图4.144)。

图4.144　具有古典园林特色的候车亭以及与之配套的交通线路图

归纳起来城市候车亭系统有以下几个重要特点：
①解决公交候车亭形象相对单一、无特色等突出问题。
②彰显城市的个性化。
③提供更加人性化的服务。
④提供新的视觉效果，使城市成为更加多元、立体、个性化和艺术化的综合构成体。

图4.145　材质：钢材＋张拉膜

2）功能

每一座城市都有自己的特色和个性，不同的城市对公共设施也有着不同的需求，具有鲜明特色的公共设施能够体现每座城市的特色和个性。城市公交候车亭是一座城市的形象，也是一座流动的风景平台，因此造型上要体现本土文化特色，并应与周边环境相呼应。候车亭是延伸到人们日常生活的路径与场景，在营造新的城市艺术环境的同时，也创造着城市新文化，这种城市文化的精神场所包围着我们的生活，它甚至会成为城市风光的助推器。

3）类型

候车亭在材料的选择以及具体造型上没有特殊的要求，也没有特定的分类标准，一般根据设计的主要风格以及造型的具体需要而定。通常造型比较特殊或是结构较为复杂的，一般使用钢材较多。但也有使用钢筋混凝土或是木材的候车亭设计（图4.145—图4.149）。

图4.146　钢材候车亭

图4.147　木构候车亭1

图4.148　木构候车亭2

图4.149　钢筋混凝土结构候车亭

4）候车亭的设计要点

公共环境空间是复杂多变的,公交候车亭系统设施形态、功能的不同,环境中使用者的多少、性格、地域、文化层次、宗教等各方面的差异,就需要不同风格的设施系统与之相配,以呈现不同城市或同一城市不同地段的多元化格局(图4.150)。有个性的公交候车亭系统设施往往成为小环境中人们情绪与感情的调节器。当设施以独特的语言、充满人情味的形态,满足人们对生活的需求,反映城市居住的精神风貌及文化倾向时,便会给人以独特的愉悦和美的享受。

图4.150　苏州具有古典园林特色的候车亭

通常意义上来说,一个标准的候车亭一般由遮阳棚、站牌、公交线路图、座椅、防护栏、夜间照明、垃圾箱以及广告栏等几部分组成,是供汽车停靠和乘客候车及乘车的场所。

常规尺寸:单体灯箱 1 800 mm × 3 600 mm;广告画面 1 500 mm × 3 500 mm;顶棚 1 500 mm × 4 500 mm;高度 2 700 ~ 2 800 mm。

4.2.6　售卖亭

1）概念

售卖亭已经可以算作小型建筑物的范畴,一般位于小区内、公路边、广场或公园等公共场所中,主要是进行一些食物、水、饮料、杂货或报刊等物品的出售。

2）功能

美的环境景观对售卖亭设计的要求也非常高,不仅要求其具有外在形式的美,很多时候还应在设计中体现更深层的内涵。这实际上也说明了环境中的文化内涵对景观形象的构成起着相当大的作用。

3）类型

(1)按照形式分类　售卖亭按照其结构形式可以分为开放式和围合式。

开放式售卖亭一般设置在以商业为主的生活性街道或街区,一般以某一个特定厂商的品牌宣传为主(图4.151)。这类售卖亭一般比较简易,易搭易拆,并不是固定建筑,多是由商家自己搭建,过一段时间便会拆除,随意性较大。外部多为商家广告,以商业用途为主。

图4.151   王老吉某售卖亭设计

（2）按照窗口开放方式分类   围合式售卖亭又可以按照窗口的开放方式分为一面开售卖亭（图4.152）和多面开售卖亭（图4.153）。这类售卖亭对于地点的要求不是很高，一般比较固定，多由市政规划部分统一规划控制，因此对于外在的形式多有较高的要求。

图4.152   单面开的小型饮品售卖亭设计

图4.153   多面开售卖亭设计

（3）按照材料分类   按照使用材料的不同又可将售卖亭划分为木质（图4.154）、不锈钢材质、铝塑板材质（图4.155）、玻璃钢材质等材料。

图4.154   木质自然式售卖亭

图4.155   铝塑板售卖亭

4）售卖亭的设计要点

在进行售卖亭的设计时一般应注意售卖亭的遮风避雨功能以及便于关闭营业的特点,因此售卖亭一般都为小房子似的小型建筑个体,并且方便关闭与开张。同时售卖亭属于服务类设施,还应该满足醒目、易辨识的要求,方便人们使用。

由于售卖亭已经可以属于独立小型建筑个体的范畴,因此设计也应该充分考虑到与周围环境相结合的原则才可以使整体放于环境中时不至于过于突兀而与周围场地格格不入(图4.156、图4.157)。

 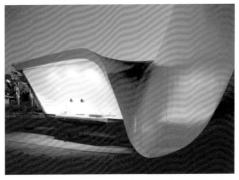

图4.156　某街头售卖亭　　　　　图4.157　某展览场地内的较大型异型售卖亭

在材质的使用上通常没有一定的限制,使用木材比较自然清新。玻璃钢(图4.158)是近年来比较流行的新材料,可以充分地体现出售卖亭的现代感。在使用不同的材料时只要满足建筑构造的基本要求即可。

设计为商业用的售卖亭时,立面广告的处理以及其与环境的融合是需要考虑的主要方面。在满足功能和技术要求的基础上,强调性质的适合性及与之相适应的设施设置,并且要尽量突出商业气氛,营造出企业文化(图4.159)。

图4.158　现代特色售卖亭　　　　图4.159　商业区内某品牌的展示亭

售卖亭设计也要为市民提供各式各样的使用功能,既要考虑机动车,考虑自行车和行人,也要为公交提供方便。同时充分考虑到残障人士及老年、儿童的使用,提供良好的无障碍设计。

售卖亭一般都没有严格的尺寸限定,可大可小,根据不同地点的需要而定。常规售卖亭的参考尺寸为:3 100 mm(高)×1 700 mm(宽)×2 500 mm(深)。

4.2.7　公共厕所

1）概念

公共厕所,简称公厕,指供城市居民和流动人口共同使用的厕所,包括公共建筑(如车站、商店、影院、展览馆、办公楼等)附设的厕所。

2）功能

公厕在众多的城市基础设施中,起着不可替代的重要作用。公厕通过向公众提供良好的服务,展示完美的形象,丰富着城市细节,让公众能感受城市每一个细节所带来的便捷。公厕虽小,但它确实是一个重要的城市基础设施,为整个城市的运行起着重要的保障作用。

3）类型

公厕按照建筑结构进行分类,可以分为砖混结构、钢结构、砖木结构、简易结构等。

(1)砖混结构的公厕　这种公厕主要是由钢筋混凝土与砖石材料建成。其特点是结构牢固,取材方便,是公厕较为普遍采

图4.160　砖混结构公厕

用的结构形式(图4.160)。

(2)钢结构公厕　这种公厕是由钢材为主要结构材料建成。其特点是结构轻盈,适合地基条件、荷载要求有限制、工程进度要求较紧的情况下使用,造价较为昂贵(图4.161、图4.162)。

图4.161　小区钢结构公厕

图4.162　街头钢结构公厕

(3)木结构公厕　这种公厕在中国南方气候炎热城市和一些景点地区使用较为普遍,结构简单、实用。砖木结构和简易结构公厕多数为建设年代久远的公厕建筑,随着城市改造和公厕改造不断深入,正在逐步被淘汰(图4.163、图4.164)。

图4.163　木构公厕1

图4.164　木构公厕2

4）公厕的设计要点

（1）造型设计　公厕的建筑选型上，不能公式化，建筑形式应多元化、新颖美观，应多以周围建筑为参考，重视其外观造型，以融入该地环境景观为设计主轴，避免突兀，使其与周围的建筑风格和谐统一。如在繁华商业区采用有现代感、有商业气息的建筑风格；在旧城区、居住区采用大方、有亲切感的建筑风格，并加强其可识别性；在城市公共休闲绿地采用新颖、活泼的小品式建筑风格等（图4.165—图4.170）。

图4.165　设计风格较为现代的公厕设计

图4.166　某广场简中式公厕设计

图4.167　某景区简中式公厕设计

图 4.168　与周边建筑风格统一的公厕设计

图 4.169　武汉钟楼式景观公厕

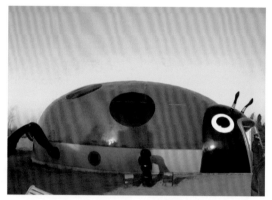

图 4.170　北京朝阳公园七星瓢虫造型公厕

（2）色彩选择　公厕设计颜色的选择和运用色彩设计是利用色彩要素的搭配交变获得颜色审美价值色相,红、橙、黄等暖色会令人兴奋,而蓝、绿、紫会令人沉静。纯度越低、明度越低的颜色刺激神经性就越弱,所以在公厕设计上尽量选择令人沉静的、刺激性弱的颜色,令人在如厕时更加安心、凉爽、舒适(图 4.171、图 4.172)。

图 4.171　色彩搭配较为和谐的公厕 1

图 4.172　色彩搭配较为和谐的公厕 2

（3）内部设置　厕所设计中内部应配置洗面台、梳妆镜、厕内挂钩等设施(图 4.173)。公厕内部的色彩宜柔和温暖,质感宜细腻精致,过于鲜艳的色彩和过于粗糙的材质,原则上都不宜使用于公厕内部。

　　另外,厕所设计时应考虑各种人群的需要。对于残疾人和老年人,应当为他们使用的厕位与洗手盆设置用不锈钢管制作的安全抓杆;同时,由于这类人群的身体情况比较特殊,应在其厕位内设置应叫器,在紧急情况下得到及时的救治。对于能够独立活动的儿童,由于他们的身高比成年人矮,应为他们设置一些较低的小便斗和洗手盆,同时这些洁具的设计应符合儿童的心理特征。为了方便携带婴儿者,应在大人厕位的前面一角设置可以固定婴儿的座位,若设置专门的婴儿台会

图4.173　公厕内部设计

给携带婴儿的父母带来极大的方便和安全感。在《城市公共厕所设计标准》中提出了一个新名词——"第三卫生间"(Third public toilets),专为协助行动不能自理的异性使用的厕所。如:女儿协助老父亲,儿子协助老母亲,母亲协助小男孩,父亲协助小女孩等。

　　厕所内部具体尺寸如下:

　　①门尺寸的选用:表4.1为公共厕所各类别门选用尺寸参考值。

表4.1　公共厕所各类别门选用尺寸参考值

类　别	内　容	优选尺寸/m	限定尺寸/m	可选门的种类
大门	无障碍厕所间设在大门内	1.5	≥0.9	双向门、推拉门、自动门
	无障碍厕所间设在大门外	1.2	≥0.6	双向门、推拉门、自动门
男女厕门	无障碍厕所间设在男女厕所内		≥0.9	无大门的可设双向门
	无障碍厕所间设在男女厕所外		≥0.6	无大门的可设双向门
男大小便隔断门	一般不设门,仅设门洞或隔断	1.0~2.0	≥0.8	门洞或隔断
厕位间门		0.6	≥0.5	外开门、内开门
无障碍门	面积小于6 m²	1.0	≥0.8	推拉门、外开门
	面积大于6 m²	1.0	≥0.8	推拉门、内开门

　　②厕位间尺寸选用:厕位间尺寸选用原则如下。

　　a.一类公厕的厕位尺寸要大些。

　　b.厕所男女厕位数量少的尺寸可大些。

　　c.内开门比外开门要大些。

　　d.应了解隔断材料出厂的基本模数,尽可能减少材料的浪费。

　　e.每个大便厕位长应为1.00~1.50 m,宽应为0.85~1.20 m。

　　f.每个小便站位(含小便池)深应为0.75 m,宽应为0.70 m。独立小便器间距应为0.70~

0.80 m。

　　g.通槽式水冲厕所槽深不得小于 0.40 m,槽底宽不得小于 0.15 m,上宽宜为 0.20 ~ 0.25 m。

　　③走道宽度:走道宽度与厕位的布置形式有关,厕位的布置形式可分为单排式和双排式。厕位的单排式布置形式是指一组厕位同方向布置,组内所有厕位的门朝向同一方向。厕位的双排式布置形式是指一组内厕位成对地相向布置,组内每个厕位的门朝向对面另一厕位的门。其中,单排厕位外开门走道宽度宜为 1.30 m,不得小于 1.00 m。双排厕位外开门走道宽度宜为 1.50 ~ 2.10 m。单排和双排内开门走道宽度均不得小于 0.6 m。

　　④洗手盆尺寸:洗手盆尺寸(含洁具和使用空间)为 800 mm(宽) × 600 mm(深)。

　　(4)地点选择　公厕的空间设计应考虑中国传统习惯,厕所是以私密性存在于环境之中的。所以在公厕地点选择时,应考虑其私密性,注意视线遮挡,这是保护隐私的需要。公厕最好掩映在高大乔木中,其周围应配置一些香味花木,四周可用沙地柏、平枝荀子、地锦等匍匐性花卉或攀延植物布置,这样既可柔和建筑的生硬,消除厕所的异味,又可使厕所这一"不雅"的处所变成一处优美的景点。当然,公厕系统标识应力求清楚且明显,距离公厕前后 100 m 都有提示性公厕标牌,夜晚公厕灯箱醒目,公厕门上贴有男厕、女厕、残疾人专用等标识。

4.3　游憩类环境小品

4.3.1　景亭

　　景亭是在我国园林景观中运用最多的一种小品形式。无论是传统的古典园林,还是在现代的公园及风景名胜区,都可以看到各种各样的景亭。它以其轻盈玲珑、形态万千的形象,与建筑、山石、水体、植物形成优美的构图。在景观营造中,它有着特殊的位置,如果将景亭运用得当,将会成为环境中的主体景观或构图的中心。从某种意义上说,它是景观建设中建筑和植物两大要素之间理想的媒介物,能使景园更加多姿,绿化更加有景致,建筑更加生趣。

1)景亭的概念

　　亭是一种中国传统建筑,多建于路旁,供行人休息、乘凉或观景用。亭一般为开敞性结构,没有围墙,顶部可分为六角、八角、圆形等多种形状。随着社会的发展,亭子的形式不再局限于传统,变得富于时代气息与多样化(图 4.174—图 4.177)。

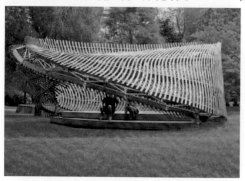

图 4.174　现代流线造型凉亭

图 4.175　欧式景亭

图4.176　四角亭

图4.177　珊瑚礁式景亭

2) 景亭的功能

（1）休息　景亭可防日晒、避雨淋、消暑纳凉，是园林中游人休息之处。图4.178 所示为某公园景亭，结合周边景观环境为游人提供了良好的休憩场所。

（2）赏景　景亭可作园林中凭眺、畅览园林景色的赏景点。图4.179 所示为某景区山坡上设置的景亭，视野开阔，可以俯瞰山下景色。

（3）点景　亭为园林景物之一，其位置体量、色彩等应因地制宜，表达出各种园林情趣，成为园林景观构图中心。亭不仅是供人憩息的场所，又是园林中重要的点景建筑，布置在园林合适地点，一般都能构成园林空间中美好的景观艺术效果。图4.180 所示为某景区创意景亭，不仅能为游人提供休憩场所，同时具有较高的观赏价值。图4.181 为某小区欧式景亭，为居民提供休憩场所的同时，也具有很强的观赏效果。

图4.178　西安某公园汉文化景亭

图4.179　某景区山坡石亭

图4.180　创意观景亭

图4.181　欧式园亭

（4）专用　景亭作为特定目的使用，如纪念亭（图 4.182）、井亭（图 4.183）、碑亭（图 4.184）、鼓乐亭（图 4.185）以及现代园林中的售票亭、小卖亭、摄影亭、门岗亭等。

图 4.182　艾滋病纪念亭

图 4.183　井亭

图 4.184　碑亭

图 4.185　鼓乐亭

3）类型

亭的形式千变万化，按照不同的分类方式，有着不同的类型。

（1）按屋顶的形式分　常见的亭有攒尖亭（图 4.186）、歇山亭、庑殿亭（图 4.187）、盈顶亭、十字顶亭、悬山顶亭等。

图 4.186　四角攒尖亭

图 4.187　重檐庑殿亭

（2）按平面的形状分　常见的亭有三角亭（图 4.188）、方亭（图 4.189）、圆亭（图 4.190）和八角亭（图 4.191）等。

图 4.188　三角亭

图 4.189　方亭

图 4.190　圆亭

图 4.191　八角亭

（3）按构成材质分　常见的亭有木亭（图 4.192）、石亭（图 4.193）、竹亭（图 4.194）、铜亭（图 4.195）等。

图 4.192　木亭

图 4.193　石亭

4）景亭设计要点

（1）选址　设计景亭首先必须选择好位置,按照总的规划意图选点。

①山间地建亭:视野开阔,突破山形的天际线,丰富山形的轮廓。

a.小山建亭宜建于山顶,忌几何中心线,要偏于山顶一侧,位于黄金分割点。

b.中等高度的山建亭宜建于山脊、山腰、山顶,注意亭的体量,要与山协调。

图4.194　竹亭

图4.195　铜亭

c.大山建亭,宜建于山腰台地或悬崖峭壁之顶、道路边,忌亭的视线被遮挡,注意亭子的距离在800～1 000 m。

②临水建亭:静与动的对比,观赏丰富水面的景观,一般通过桥、堤岸与陆地相连。亭的体量与水密切相关,贴近水面。桥上置亭是一种独特的设计手法。

③平地建亭:可以休息、纳凉。要结合各种园林要素,通常与山水、水池、树林相结合,现代的亭与小广场、绿荫地相结合。

(2)体量与造型　亭的体量与造型的选择,主要应看它所处的周围环境的大小、性质等,因地制宜而定。

亭的设计构思要巧妙,造型的选择要符合园林的整体风格。设计所选择的园亭,是传统的还是现代的,是中式还是西式的,这些形式都要与园林整体氛围密切结合。

(3)亭子的材料及色彩　应力求就地选用地方材料,不仅加工便利,又易于配合自然。同时也要注重创新,这样才能设计出新颖、符合现代审美需求的园亭。

4.3.2　花架（廊架）

1)花架的概念

花架是用刚性材料构成一定形状的格架供攀缘植物攀附的园林设施,又称棚架、绿廊。花架可作遮阴休息之用,并可点缀园景。

2)花架的功能

花架既是攀援植物的棚架,又是人们消暑纳凉的场所。由于它可以展示植物枝、叶、花、果的形态及其色彩之美,所以具有园林小品的装饰性特点(图4.196、图4.197)。

花架的形式极为丰富,有棚架、廊架、亭架、门架等,所以也具有一定的建筑功能。然而花架虽能较好地解决遮阳问题,却不能避风雨,门架及篱架也不能完全代替门及实体墙的安全保护作用,所以花架的建筑功能具有一定的局限性(图4.198—图4.201)。

图 4.196 某小区景观花架

图 4.197 紫藤花架

图 4.198 别墅庭院花架

图 4.199 现代流线花架

图 4.200 公园单臂式廊架

图 4.201 小区单臂式廊架

园林中的花架既可作为园林小品点缀,又可成为局部空间的主景;既是一种可供休息赏景的建筑设施,又是一种立体绿化的理想形式。设置花架不仅不会减少绿地的比例,反而因花架与植物的紧密结合使园林中的人工美与自然美得到和谐的统一,从而提高了花架的艺术效果和实用价值。花架是一个空透的游憩空间,尤其在攀援植物生长季节,花架可以为人们提供一个理想的休息及观赏周围景物的场所。

3)*花架的类型*

(1)廊式花架 这是最常见的花架形式,片版支承于左右梁柱上,游人可入内休息(图4.202—图4.205)。

图 4.202　供人休憩的廊式花架

图 4.203　观赏效果极佳的廊式花架

图 4.204　某公园木质景观花架

图 4.205　形成空间的廊式花架

（2）片式花架　片版嵌固于单向梁柱上，两边或一面悬挑，形体轻盈活泼（图 4.206、图4.207）。

图 4.206　某公园片式花架

图 4.207　某小区片式花架

（3）独立式花架　这种花架以各种材料作空格，构成墙垣、花瓶、伞亭等形状，用藤本植物缠绕成型，供观赏用。

4）花架的设计要点

（1）布局合理　花架在园林中的布局可以采取附件式，也可以采取独立式。附件式属于建筑的一部分，是建筑空间的延续，如在墙垣的上部，垂直墙面的上部，垂直墙面的水平搁置横墙向两侧挑出。它应保持建筑自身的统一比例与尺度，在功能上除了供植物攀缘或设桌凳供游人休憩外,也可以只起装饰作用。独立式的布局可以在花丛中,也可以在草坪边,使园林空间有起有伏,增加平坦空间的层次,有时亦可傍山临池随势弯曲。花架如同廊道也可以起到组织游览路线和组织观赏点的作用,布置花架时一方面要格调清新,另一方面要注意与周围建筑和绿化栽培在风格上的统一。

(2)造型美观　花架在绿荫掩映下或者落叶之后都要美观实用,因此要把花架作为一件艺术品,而不单作构筑物来设计,应注意比例尺寸、选材和必要的装修。

(3)体量适宜　花架体型不宜太大。太大了不易做得轻巧,太高了不易荫蔽而显空旷,尽量接近自然。花架的四周,一般都较为通透开畅,除了作支承的墙、柱,没有围墙门窗。花架的上下(铺地和檐口)两个平面,也并不一定要对称和相似,可以自由伸缩交叉,相互引申,使花架置身于园林之内,融汇于自然之中,不受阻隔。

(4)注意植物配置　要根据攀援植物的特点、环境来构思花架的形体;根据攀援植物的生物学特性,来设计花架的构造、材料等。一般情况下,一个花架配置一种攀援植物,也可以见到配置2~3种植物相互补充的花架。各种攀援植物的观赏价值和生长要求不尽相同,设计花架前要有所了解。

(5)与环境结合　花架的设计往往同其他小品相结合,形成一组内容丰富的小品建筑,如布置坐凳供人小憩,墙面开设景窗、漏花窗、柱间或嵌以花墙,周围点缀叠石、小池以形式吸引游人的景点。

4.3.3　景观桥

桥梁是指为道路跨越天然或人工障碍物而修建的建筑物,即架在水上或空中以便通行的建筑物。中国园林崇尚自然,有山有水有植物。有水的地方往往安排桥梁,因此无论是传统的古典园林,或是新建的公园及风景游览区,都有桥的身影。桥置于自然风景中,可以成为自然风景园林中的主要景观建筑。

1)功能

桥的功能大体有4个方面:

(1)通行功能　用来联系交通,组织游线(图4.208)。

(2)美化功能　形态各异的景观桥本身就具有很高的观赏价值(图4.209)。

图4.208　联系交通的石桥

图4.209　形成倒影景观的桥

(3)组景功能　人在桥上行,由于水面宽阔,因而此处是赏景之佳处(图4.210)。但若是用

曲桥,人在曲桥上行,可以自然地观赏到桥左右两边的景物。

(4)分割水面空间　使水面空间有层次(图4.211)。

图4.210　用于赏景的桥

图4.211　分割空间的桥

2)类型

园林桥梁的类型丰富多彩,单以建桥的主要材料,便有木(图4.212)、石(图4.213)、砖(图4.214)、竹(图4.215)、藤(图4.216)、铁桥(图4.217)等之别。若以桥梁的结构及外观形式分,则主要有梁桥、浮桥、索桥和拱桥这4种基本类型。园林中常见的桥梁类型有梁桥和拱桥两大类。除此之外,再根据桥梁的造型分,园林中特有的常见的还有曲桥和汀步等。

图4.212　木桥

图4.213　石桥

图4.214　砖桥

图4.215　竹桥

图4.216　藤桥

图4.217　铁桥

（1）梁桥　梁桥又称平桥、跨空梁桥，是以桥墩做水平距离承托，然后架梁并平铺桥面的桥。这是应用最为普遍的一种桥，历史上也出现最早。它有木、石或木石混合等形式（图4.218、图4.219）。

图4.218　石块堆砌的梁桥

图4.219　木质的梁桥

（2）拱桥　拱桥有石拱、砖拱和木拱之分，其中砖拱桥极少见，只在庙宇或园林里偶见使用。一般常见的是石拱桥，它又有单拱、双拱、多拱之分，拱的多少视河的宽度来定。一般正中的拱要特别高大，两边的拱要略小。依拱的形状，又有五边、半圆、尖拱、坦拱等之分。桥面一般铺石板，桥边做石栏杆（图4.220—图4.223）。

图4.220　石质单拱桥

图4.221　木质单拱桥

图4.222　砖质多拱桥

图4.223　木质多拱桥

（3）曲桥　曲桥,园林中特有的桥式,故也称园林桥。桥与径、廊均为园林中游人赏景的通道。"景莫妙于曲",故园林中桥多做成折角者,如九曲桥,以形成一条来回摆动、左顾右盼的折线,达到延长风景线、扩大景观画面的效果。曲桥一般由石板、栏板构成,石板略高出水面,栏杆低矮,造成与水面似分非分、空间似隔非隔,尤有含蓄无尽之意(图4.224、图4.225)。

图4.224　古典园林的曲桥

图4.225　现代园林的曲桥

（4）汀步　汀步,又称步石、飞石。浅水中按一定间距布设块石,微露水面,使人跨步而过。园林中运用这种古老渡水设施,质朴自然,别有情趣(图4.226—图4.229)。

图4.226　圆形石质汀步

图4.227　方形石质汀步

图4.228　三角形木质汀步　　　　　　　图4.229　自然石块汀步

3）景桥设计要点

（1）体量适宜形式恰当　水面的形状、大小、水量等都影响或决定着桥的布局及造型。宽广的大水面，或水势急湍者，则宜建体量较大、较高的桥；水面较小且水势平稳，宜建低桥、小桥；涓涓细流，宜建紧贴水面的平桥或汀步。在平静的水面建桥更应取其倒影，无论拱桥或平桥，均应与倒影效果联系起来。桥的造型、体量还与岸边的地形、地貌有关，平坦的地面、溪涧山谷、悬崖峭壁或岸边巨石、大树等都是建桥的基础环境，桥的造型体量应与其相协调。

（2）考虑全面，选址合理　窄处通桥，是既经济又合理的首选的建桥基址。此外，还要考虑行人交通的需要、人流量的大小、桥上是否通车、桥下是否通船等，这些因素都会影响桥的承载能力与净空高度。

（3）造型优美、衔接自然　通过对桥梁的装饰、形态、材料、色彩及线条等方面做出改变，改善原结构的形象表现，以迎合人们视觉美学的要求，达到对某些外观造型原本不足或欠缺部分的补充和改善。桥头与岸壁的衔接要恰当，忌生硬呆板，常以园灯、雕塑、山石、花台、树池等点缀，可丰富环境景观，也有显示桥位、增强安全的效果。在桥上或周边适应的位置，应以照明突出桥身的造型。

4.3.4　亲水平台（含栈道）

1）概念

亲水平台是一种进深较小、宽度只有几米或十几米，长度也只有几十米的小块面的硬质亲水景观。在静水环境可设踏步下到水面。按安全防护要求，应设栏杆。可以利用座凳栏杆造型，既可供休闲娱乐观光，又有一定安全防护功能。现代景观中亲水平台时尚简约化的设计理念，带动了周边景观附件的协调发展，使得城市景观设施和环境小品有了革新，充满了时尚的意味（图4.230、图4.231）。

亲水栈道是一种滨水园林线型近水硬质景观，是比亲水大道、亲水广场、亲水平台更加近水的一种亲水景观场所。有时亲水栈道离水面只有十几、二十几厘米，游人可以伸手戏水、玩水，还可以在亲水栈道安静钓鱼，或观日出、彩霞，或观水中倒影，或摄影留念，或休闲散步娱乐，放松心情，使人享受那一刻亲身接近大自然之乐趣。栈道蜿蜒水边，游人漫步亲水栈道，葱绿花木俯临水面，一幅亲水景观画面令人心动（图4.232、图4.233）。

图4.230　某小区亲水平台

图4.231　某商业街亲水平台

图4.232　某公园亲水栈道

图4.233　某景区亲水栈道

2）类型

　　为了实践"亲近水"的设计理念，有的亲水平台是在陆地与水接触的地方搭建阶梯状的平台，层层接近或没入水中。有的平台是将陆地以斜坡状伸入水中，让人们与水能够更加亲近（图4.234、图4.235）。

图4.234　某小区亲水平台

图4.235　Hornsbergs Strandpark 的亲水平台

有的平台甚至只是若干块不规则几何形体的组合,或是干脆免去"平台"这一表现形式,直接以沙石作为水与陆地的分割。大小不一、形状各异的石块形成水陆两个空间的天然分割线,这种设计既朴实又自然,使得人们有一种回归大自然的感受。造型上的轻盈设计并没有减少亲水平台在整个景观中的比重,反而成为景观建筑中一道亮丽的风景线,仍然是水景景观中最重要的建筑小品(图4.236)。

图4.236　国外某海边亲水平台

3) **功能**

从空间分割的层面上来说,亲水平台是水空间和地空间的过渡和衔接,是亲水平台将水空间和地空间相互融合在一起,使两者有机地结合形成了一个完整的视觉空间。

规模较小的亲水平台给人以温馨、亲切的感觉,是小孩子们嬉戏玩耍的乐园,也是老人们茶余饭后散步休息的好去处(图4.237、图4.238)。

图4.237　小巧精致的亲水平台　　　　　　图4.238　温馨亲切的亲水平台

而某些规模较大的亲水平台还可以用作露天茶座,给游客们的出行带来了方便。所以大型亲水平台的作用绝不可小视,它在现代景观休闲空间的营造方面具有无可替代的位置(图4.239、图4.240)。

4) **亲水平台(含栈道)设计要点**

在静水环境可设踏步下到水面,按安全防护要求,应设栏杆,在离岸 2 m 以内水深大于 0.70 m 的情况下,栏杆应高于 1.05 m;如果离岸 2 m 以内水深小于 0.7 m 或实际只有 0.30 ~ 0.50 m深,栏杆可以做 0.45 m 高,可以利用坐凳栏杆造型,既可供休闲娱乐观光,又有一定安全防护功能。如果实际水深只有 0.30 m,可不设栏杆。

图4.239　用于露天茶座的亲水平台

图4.240　汉城湖公园亲水平台

4.4　照明类环境小品

随着科技日新月异的发展,现代园林照明发展迅速,为人们夜晚活动及美化城市创造了一个灿烂的前景。园灯作为园林照明的载体,其作用不容置疑。现代园林灯具已不仅仅是单纯地将园景、道路照亮,更重要的是采用各种新的科学技术,通过对灯具的结构及功能的合理设计与运用,营造新的景观;同时使用新的能源来满足实用需求并最大限度地发挥光源的性能和挖掘园灯的潜力。

4.4.1　园林灯具功能

城市建设的迅速发展,新技术和新材料的不断涌现,人们对生活环境质量要求越来越高,因而对灯具的要求也趋向装饰性和艺术性。现有的装饰灯具品种繁多,形状不同,功能各异,给人们带来的不仅仅是灯光和造型艺术的享受,同时也增添了城市的美感,丰富了人们的夜晚生活内容。园灯的功能主要表现在两个方面:一是实用功能,服务于游人在园林中娱乐和休憩的基本功能;二是装饰功能,创造出一个使人愉悦的理想环境。

1)实用功能

(1)照明功能　就是满足人们进行各种正常活动时所需要的照明度(图4.241)。

(2)引导功能　园林中灯具随着道路或游览区域的伸展和分布,使园灯在园林空间分布上具有相对固定的布灯形式,例如灯具的位置、外形和距离,从而形成很强的方向感和秩序性。这种特性可引导游人选择自己感兴趣的区域(图4.242)。

(3)标识功能　主要是针对园林灯具分布的位置特点而引申的一个功能。园林灯具主要分布在园中主要景点或道路的附近,且有一定的体量和规模。因此,很容易成为视觉焦点,而且具有一定的标识性,例如大型的灯组和成片的灯光环境(图4.243)。

(4)界定功能　由于园灯对安放位置的特定要求(一般都在边界处),因此可以通过此特性,同时利用灯具的外形和灯光来划分和界定几个不同性质的区域(图4.244)。

图4.241　照明效果良好的景观灯

图4.242　具有引导作用的景观灯

图4.243　具有标识功能的景观灯

图4.244　具有界定功能的景观灯

2）装饰功能

（1）美化环境　园灯在白天的作用往往被人们所忽视，然而随着科学技术的发展，各种新材料和新工艺的应用，园灯完全有潜力成为一种多用途的园林小品，或成为景观主体、实用小品。例如大型的灯组、座椅造型的灯具等（图4.245、图4.246）。

图4.245　鹿造型景观灯

图4.246　鱼造型景观灯

（2）渲染气氛

①用灯具造型增强环境气氛，通过选择灯具的形式来烘托和渲染气氛。比如为了营造热闹、喜庆的气氛，就可以选择一些颜色鲜艳、动感强的灯具形式。

②用不同的光照效果也可以创造出不同的环境气氛。

总之相同的环境或对象,由于照明方式的不同,所产生的效果也不大相同(图4.247)。

(3)强化效果 夜晚的灯光可成为园林构图的重要组成部分,由于夜晚灯光的特性使人们的视觉中心发生偏移,通过灯光的组合可以强调园林的层次感和立面上的观赏效果(图4.248)。

图4.247 渲染节庆气氛的景观灯

图4.248 强化小品效果的景观灯

4.4.2 园林景灯的分类

园林景灯按形式的不同可分为以下类型:

1)路灯

路灯的灯头可用单头、双头、或多头。设计时注意灯柱及灯头的造型和比例。整齐排列的路灯常用于表现道路、广场的节奏和韵律,丰富园林的空间层次(图4.249—图4.251)。

图4.249 单头路灯

图4.250 双头路灯

图4.251 多头路灯

2)矮杆园灯、草坪灯

矮杆园灯、草坪灯的高度低于人的视平线,大多在90 cm左右,主要用于照射草坪、地被和局部道路。其主要布置在花隅、草坪旁边等幽静之处。灯头设计可风格各异,与灯柱浑然一体(图4.252—图4.255)。

图4.252　圆形草坪灯

图4.253　方形草坪灯

图4.254　灯笼造型草坪灯

图4.255　球状草坪灯

3）庭园灯、石灯笼

庭园灯、石灯笼以造型优美、温文尔雅著称。庭园灯的设计体现了不同风格，其中以日式、中式和西式为典型代表。尤其是由石灯笼演化过来的庭园灯，能与山石、树木、屋宇配合，与自然取得协调，将庭园之美发挥到极致。其设计着重于文化内涵的表达，反映深厚的文化底蕴（图4.256、图4.257）。

图4.256　龙纹石灯笼

图4.257　石质庭院灯

4）柱头灯

柱头灯能增添柱子的特质（图4.258、图4.259）。

图4.258　桥上的柱头灯

图4.259　路旁石柱的柱头灯

5)水池灯

水池灯具有良好的密封性,常采用卤钨灯作光源。水池灯点亮时,灯光经过水的折射和反射,产生绚丽的光景,成为环境中的一个亮点(图4.260、图4.261)。

图4.260　水池景观灯

图4.261　喷泉景观灯

6)地灯

地灯指埋设于园林、广场、街道地面的低位路灯,含而不露,为游人引路并创造出朦胧的环境氛围(图4.262、图4.263)。

图4.262　国外某广场地灯景观

图4.263　广东某广场地灯景观

4.4.3 园灯设计应该遵循的原则

一般来讲,园灯的设计和应用应遵循以下几点原则:

1)园灯要选择合适的位置

园灯一般设在园林绿地的出入口、广场、交通要道,园路两侧及交叉口、台阶、建筑物周围、水景喷泉、雕塑、草坪边缘等处。

2)园灯的照度与环境相协调

根据园林环境地段的不同,园灯照度的选择要恰当。如出广场、入口等人流聚集处,要求照明达到一定的强度;而在安静的小路和走廊则要求柔和、轻松的灯光。整个园林的景灯在灯光照明上要统一布局,使园林整体的灯光照度既均匀又有起伏,具有明暗交替的艺术效果。此外,要注意防止出现不适当的阴暗角落。

3)园灯应该选择合适的灯柱高度

园灯有均匀的照度,除了灯具布置要有均匀的位置、适当的距离外,还要求灯柱的高度要恰当。园灯高度的设置与其用途有关,一般园灯高度为 3 m 左右;大量人流活动的空间,园灯高度一般为 4~6 m;而用于配景的灯柱高度应随情况而定。另外,灯柱的高度与灯柱间的水平距离比值要恰当,才能形成均匀的照度。市政园林工程中灯柱高度与灯柱间水平距离的比值一般为 1/12~1/10。

4.4.4 园灯设计细节和注意事项

因为园灯设计有很多技巧性的手法,所以细节的设计显得尤为重要。

1)夜间景观长廊采用中轴水道

夜间景观长廊采用中轴水道会创造一种戏剧性的、诗意的、神秘的、生动的室外环境,凉爽的夏夜就成为居民散步玩耍的好去处。恰到好处的照明就能够满足需要,清晰的中轴水道的轮廓,以及水道中潺潺的流水,隐约映射出周围的建筑美景和植物。

2)营造美好的月光效果

将灯具安装在树枝之间,沿道路和周边的建筑能够营造灯光斑驳的月光效果。在林荫小道和雕塑处,设置一组较小功率的、带冰蓝色滤光片的低压卤素灯,照射到道路和其他特色建筑上,以创造一种超凡脱俗的庭院空间。

3)灯光控制配置

为了增加灯光的变化,可以使用灯光智能控制台来改善效果。如中轴景观水道两旁的小功率地埋灯,就可以采用灯光智能控制台,以跳灯、跑灯、间隔闪亮等各种方式来突出提升中轴景观水道。此外,如叠水、喷泉等景观也可以采用智能控制台控制。选择照明的手法时,应该从艺术的角度加以考虑,将颜色、纹理、形状等的每一个细微差别都表现出来,这样才能使景观艺照明体现其艺术价值。

基本概念

1.雕塑　景墙　景窗　花坛　树池　水景
2.标志牌　座椅　垃圾箱　电话亭　候车亭　售卖亭　公共厕所
3.景亭　花架　景观桥　亲水平台　园林灯具

复习思考题

1.试述雕塑的功能。
2.试述景窗的组成和材料。
3.花坛的设计要点有哪些？
4.试述铺装的分类和设计要点。
5.试述标志牌的材料选择要点。
6.试述景桥的设计要点。

5 常见环境小品的构造与施工

5.1 亭的构造与施工

5.1.1 亭的概述

　　亭,"亭者,停也,人所停集也",是供行人休息、乘凉或观景用。亭是园林中运用最多的一种建筑形式,也是最重要的景点,起到画龙点睛的作用,满足人们"观景"与"点景"的需求。在造型上,亭子一般小而集中,有独立完整的建筑形式,亭一般为开敞性结构,有柱有顶无墙,有四角、六角、八角、圆形等多种形状。

　　园中设亭,关键在位置,多处于艺术构图中心、景观的焦点或交往中心。一方面为了观景;另一方面为了点景,满足观赏距离和观赏角度的要求。亭的尺度大小都是根据所处空间的大小和观赏视距来确定。同时根据所在地段的周围环境,选择形式合适的亭,使亭与环境融合、协调,把外界大空间的景象吸收到小空间中来,所谓"江山无限景,都取一亭中"。

5.1.2 亭的类型

1)根据时代分类

　　(1)传统亭　园亭体量小,平面严谨,多为梁架体系的木结构,由木柱承重,多以黛瓦覆顶,

图 5.1　仿生亭(现代亭)

并附有装饰。

（2）现代亭　适应时代特征,亭在造型上更为活泼自由,形式更为多样,呈现出文化多元性,色彩丰富,技术、材料多样性,设计、制造多层次化的特征,满足生活、娱乐等各种需要,如仿生亭(图 5.1)、雕塑式亭(图 5.2)、膜结构亭(图 5.3)。

2)根据所使用的材质的不同分类

根据所使用的材质的不同分为木亭、石亭、砖亭、茅亭、竹亭、铜亭。

3)按平面结构形式分类

亭按平面结构形式可分为三角亭(图 5.4)、四角亭(图 5.5)、六角亭(图 5.6)、八角亭(图 5.7)、扇形亭(图 5.8)、圆亭(图 5.9)、方亭(图 5.10)等。

图 5.2　雕塑亭(现代亭)

图 5.3　膜结构亭(现代亭)

图 5.4　三角亭(传统石亭)

图 5.5　四角亭(传统木瓦亭)

图 5.6　六角亭（铜亭）

图 5.7　八角重檐亭（木瓦亭）

图 5.8　扇亭

图 5.9　圆亭（茅草亭）

图 5.10　方亭（PVC）

图 5.11　三层亭

4）根据亭楼层的数量分类

　　根据亭楼层的数量亭可分为单层亭、双层亭、三层亭（图 5.11）。

5.1.3 传统亭的构造 (图 5.12、图 5.13)

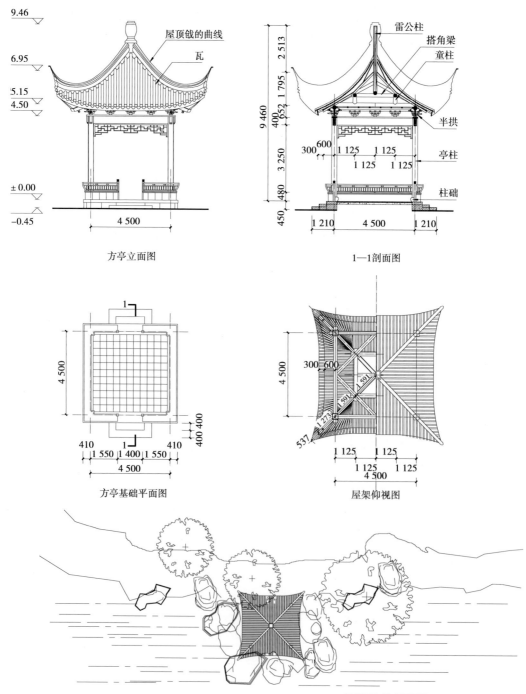

方亭立面图

1—1剖面图

方亭基础平面图

屋架仰视图

环境平面图

图 5.12　四角亭结构 (平、立、剖面图)

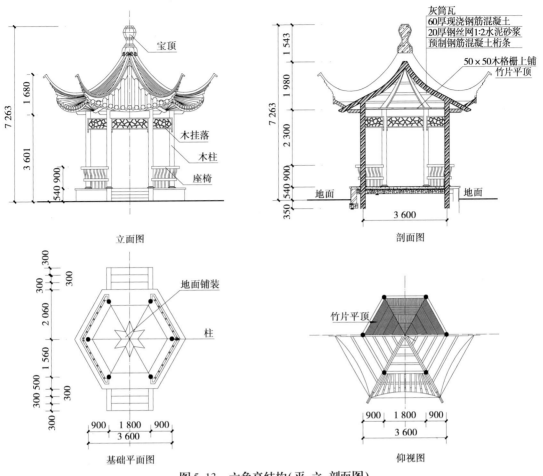

图 5.13 六角亭结构(平、立、剖面图)

1)亭顶

传统亭以攒尖顶为多。攒尖顶在构造上比较特殊,一般应用于正多边形与圆形平面的亭上。攒尖顶的各戗脊由各柱中向中心上方逐渐集中成一尖顶,用"顶饰"来结束,外形呈伞状。屋顶的檐角一般反翘。

攒尖顶的梁架构造一般有以下 3 种形式:

(1)用老戗支撑灯芯木 这种做法可在灯芯木下做轩,加强装饰性。但由于刚性较差,只适合于较小的亭。

(2)用大梁支撑灯芯木 一般大梁只架一根,如果亭较大,可架两根,或平行,或垂直,但由于梁架较凌乱,需做天花遮设。

(3)用搭角梁的做法 在亭的檐梁上首先设置抹角梁,与脊角梁垂直,与檐成 45°,再在其上交点处立童柱,童柱上再架设搭角重复交替,直至最后收到搭角梁与最外围的檐梁平行即可,以便安装架设角梁或脊。

2)亭身(亭柱)

亭柱的构造依材料而异,有木、钢筋混凝土、钢、石、砖、竹竿等。亭一般无墙壁,故柱在支撑及美观方面的作用都极为重要。柱的形式有方柱、圆柱、多角柱、梅花柱、多段合柱等。柱间下部常设半墙、坐凳或鹅颈椅,供游人休憩。

3)亭基

亭基多以混凝土为材料,若地上部分负荷较重,则需加钢筋地梁;若地上负荷较轻,如用竹柱,木柱盖以稻草的亭,则以在亭柱部分掘穴,以混凝土做成基础即可。

5.1.4 传统亭的施工步骤

1)定点放线

根据设计图和地面坐标系统的对应关系,用测量仪器把亭子的位置和边线测放到地面上。

2)基础处理

根据地面放线,向外放宽 200 mm 挖槽,素土夯实,有松软处要进行加固,不得留下不均匀沉降的隐患;向上做 150 mm 厚碎石垫层;其上为 100 mm 厚 C20 混凝土层,配双向钢筋网,直径为 12 mm;最上面铺设面层。

3)柱础与柱身

安装直径为 350 mm 的防腐木圆柱。在柱础上立柱。先在地面把两柱与一檐枋的榫卯拼接好,在檐枋与柱之间钉辅助性斜料木,以防止檐枋与柱之间榫卯滑动脱落和角度变化,然后抬到两柱础上,用铅锤调好垂直。依次立好四柱,在四柱下部外搭脚手架。在梁顶上安置花梁头以承接上架的檐檩,各花梁头之间填一檐垫板。在四柱下部安装美人靠,四柱上部安装挂落。

4)安装上架

在花梁头上安装搭交檐檩,在檐檩上安装抹角梁,梁上安置交金墩承接搭交金檩。在两圈檐木的交角处安置角梁,角梁由老戗、嫩戗和咸木、菱角木和扁担木构成,之前在地面上就拼装好。各角梁尾端由戗与雷公柱插接,形成攒尖结构。

5)安装屋面和屋面瓦作

铺瓦从屋角开始,然后是宝顶。瓦作必须根据瓦垄瓦沟的宽度定出瓦垄线,然后依线宽度抹水泥砂浆铺底瓦,最后是盖筒瓦。因上下层瓦的叠放顺序是上层在上,下层在下,故大体应从滴水瓦开始向上铺,从沟头瓦开始向上铺。

6)做垂脊

在老戗木和嫩戗木两边的底瓦和盖瓦铺好后,合脊处用砂浆、半砖、砖碎找平,上面再砌一层砖,两边用切割成半的筒瓦条贴出弧形面,上面可再加砌一层红砖,粉刷后即可。最后完成翘脚,翘脚的现场制作性很强,因此工匠的水平直接关系到翘脚的美观。

7)安装宝顶

宝顶可以先预制好,因此比较重,需吊装到亭顶。在预制时,宝顶内的榫口一定要平滑,雷公柱的顶面一定要裁平,不得略有倾斜,否则宝顶套上后倾斜,微调很不容易。

8)设色

清除表面毛刺、污物,用砂布打磨光滑,打底腻子,干后砂布打磨光滑,按要求逐层涂底漆、面漆等。

5.2　廊、花架的构造与施工

5.2.1　廊、花架的概述

1）廊

《园冶》中说："宜曲立长则胜，……随形而弯，依势而曲。或蟠山腰，或穷水际，通花渡壑，蜿蜒无尽……"。这是对园林中廊的精练概述。

廊是一种"虚"的建筑形式，其作用是把园内各单体建筑连在一起。廊一边通透，利用列柱、横楣构成一个取景框架，形成一个过渡的空间，造型别致曲折、高低错落。

廊在传统园林中的运用十分突出，不仅是联系建筑的重要组成部分，划分空间、组成景区的重要手段，又是组织景观布局、视线流线和组织游览路线的一个重要元素，而且起到园林建筑的穿插、联系的作用，与各种建筑组成空间层次多变的园林艺术空间。

2）花架

花架是廊的简化形式，顶多为镂空，多与藤本植物配合，形成绿色顶。花架既具有廊的功能，又比廊更接近自然，容易融合于环境之中，具有提高休息赏景、组织和划分空间、展示花卉和点缀环境、框景、障景增加景深、层次的功能。其布局灵活、形式多样、材料丰富。

5.2.2　廊、花架的类型

1）廊的类型

（1）根据廊的风格分类

①传统中式廊：联系不同建筑物，平面形状比较简单，多采用坡屋顶形式，以木构架、瓦材料为主。

②欧式廊：尺度一般较大，平面形状通常为直线形、半圆形等，以石材为主。建筑形式采用古典柱式，称为柱廊（图5.14）。

③现代廊：形式变化多样、色彩丰富、布局灵活，多采用混凝土、玻璃、钢及现代新材料（图5.15）。

（2）根据横剖面的形状分　中式传统廊分为4种类型：

①双面空廊：有柱无墙，开敞通透适用于景色层次丰富的环境，使廊的两面有景可观（图5.16），当次廊隔水飞架，即为水廊。

②单面空廊：一面开敞，一面靠墙，墙上又设有各色漏窗、门洞或宣传窗（图5.17）。

图 5.14　欧式廊

图 5.15　现代廊

图 5.16　双面空廊(直廊)

图 5.17　单面空廊

③复廊:在双面空廊的中间加一道墙,两边设廊,墙上开设漏窗,人行两边,通过漏窗可以看到隔墙之景(图 5.18)。

④双层廊:又称复道阁廊,有上下两层,便于联系不同高度的建筑和景物,增加廊的气势和景观层次。

(3)根据整体造型及所处位置分

①直廊:直线形、定向式廊,空间单一。

②曲廊:迂回曲折,方向多变。多与墙体联系,依墙又离墙,在廊与墙之间组成各式小院,空间交错,穿插流动(图 5.19)。

图 5.18　复廊

图 5.19　曲廊

③回廊:在建筑物门斗、大厅内设置在二层或二层以上的回形走廊(图 5.20)。

图 5.20 回廊

图 5.21 爬山廊

④爬山廊:廊顺地势起伏蜿蜒曲折,犹如伏地游龙而成爬山廊(图5.21)。常见的有跌落爬山廊和竖曲线爬山廊。

⑤桥廊:在桥上布置廊,既有桥梁的交通作用,又具有廊的观景、休息功能(图5.22)。

2)花架的类型

(1)按材料分 木制花架(图5.23)、竹制花架、仿竹制花架、混凝土花架(图5.24)、砖石花架、钢制花架(图5.25)。

(2)按平面结构分 直线形、曲线形、圆形、扇形等。

图 5.22 桥廊

图 5.23 木质廊架

图 5.24 混凝土结构花架

(3)按结构受力分

①简支式:侧立面上表现出由两根支柱、一根横梁组成(图5.23)。

②悬臂式:侧立面由一根支柱、一根横梁构成,又分双挑和单挑(图5.26)。

③拱门钢架式:挠度用半圆拱顶或门式钢架式,材料多用钢筋、轻钢或混凝土制成。

3)花架的尺度

花架的高度一般在2 500～2 800 mm,常用的尺寸为2 300 mm、2 500 mm、2 700 mm。其高度一般为地面至梁架底部之间的垂直距离。

图 5.25 钢结构花架

图 5.26 悬臂花架

多立柱花架的开间一般为 3 000 ~ 4 000 mm,进深根据梁架下的功能特点确定。设置座椅休息的花架,进深为 2 000 ~ 3 000 mm;作为行人通道的,进深跨度在 3 000 ~ 4 000 mm。

5.2.3 廊、花架的构造与施工

1)廊的构造与施工(图 5.27、图 5.28)

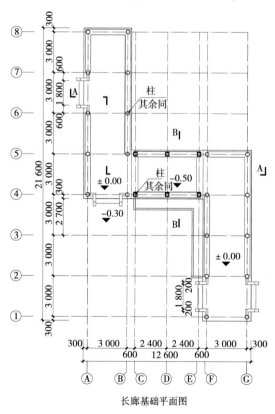

长廊基础平面图

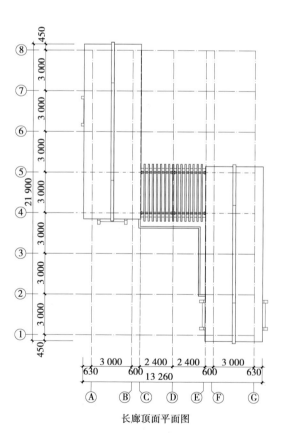

长廊顶面平面图

图 5.27 中式长廊平面

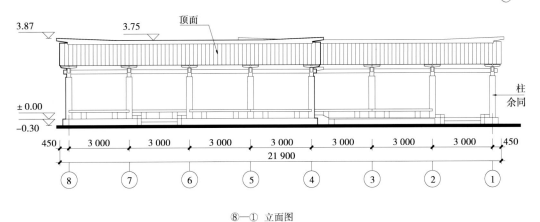

⑧—① 立面图

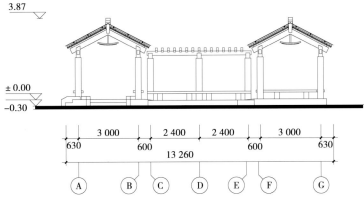

Ⓐ—Ⓖ 立面图

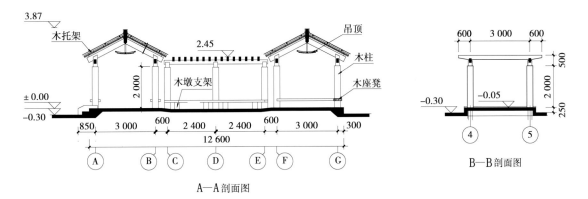

A—A剖面图

B—B剖面图

图5.28　中式长廊剖、立面图

（1）廊（木构架）的基本构件　左右两根檐柱和一榀屋架组成一付排架,再由枋木、檩木和上下楣子将若干付排架连接成整体长廊构架。

（2）廊的施工要点　廊的尺度不宜过大,一般净宽 1 200 ~ 1 500 mm,柱距 3 000 mm 以上,柱径 150 mm 左右,柱高 2 500 mm 左右。沿墙走廊的屋顶多采用单面坡式,其他廊的屋面形式多采用两坡顶。

廊的宽度和高度设定应按人的尺度比例关系加以控制,一般高度宜为 2 200 ~ 2 500 mm,宽度宜为 1 800 ~ 2 500 mm。

柱廊是以柱构成的廊式空间,柱廊一般无顶盖或在柱头上加设装饰构架,柱间距较大,纵列间距 4 000 ~ 6 000 mm 为宜,横列间距 6 000 ~ 8 000 mm 为宜。

（3）钢筋混凝土廊的施工流程

连廊内包钢主梁及次梁制作→各层内包钢主梁吊装→第一层内包钢主梁斜拉杆安装→第一层连廊预制砼次梁（或者钢次梁）吊装→第一层水平支撑安装架拆除→悬浮脚手架拆除。

2）花架的构造（图 5.29）

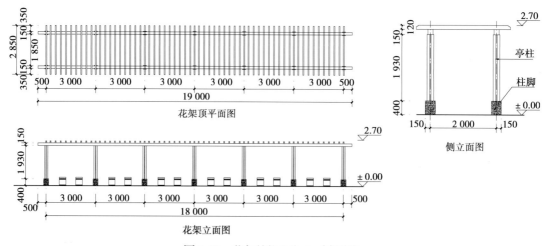

图 5.29　花架结构（平、立、剖面图）

（1）架顶　架顶是花架最上面的部分,主要承受藤本植物的重量及相应风雨雪等荷载。架顶一般由隔栅、横梁组成,常使用耐腐的杉木或钢筋混凝土做成,构件矩形截面的高度一般为相应跨度的 1/15 ~ 1/8,截面宽度常为高度的 1/3 ~ 1/2。现在常以木料作为架顶的用料,具有轻巧、现代、时尚的气息。

（2）立柱　立柱式花架中间的组成部分,主要把架顶部分的荷载传递给基础,并支撑起架顶,以形成一定的高度空间。构成立柱的材料较多,一般为砌块、钢筋混凝土、型钢或杉木。使用砌体与钢筋混凝土,应该在柱表面作装饰处理。

（3）基础　基础是花架的地下组成部分,主要是将花架的各种荷载传递给地基。基础的埋置深度一般为 500 ~ 1000 mm,常采用独立基础的结构形式。基础与柱的连接构造方式一般与立柱的用料、柱的造型、柱截面的形状有较大的关系。

（4）地面铺装　花架的地面需做相应的铺装处理,以形成较好的使用条件。常做混凝土整浇层面,或碎石、卵石、黏土砖铺贴,以形成较为自然朴素的气息。

（5）栏杆、坐凳　花架栏杆的高度一般为 400 ~ 1 200 mm,坐凳的高度一般为 400 mm 左右,进深为 400 ~ 500 mm,长度以每人 500 ~ 600 mm 计算,应按立柱的开间距离配置。

（6）种植穴　种植穴用于种植花架的藤本植物。

3）木廊、木花架施工程序及施工方法

（1）施工程序　施工准备放线→柱子地基（基础）施工→柱子施工→柱子条安装→修整清洁→装修

（2）工艺流程　采购选料→加工木柱、木枋或角钢→对半成品进行防腐基础处理→核查半成品→现场放线定位→安装角钢→对预埋件（包括柱形杯口基础）检查和处理→安装木柱及木枋→对半成品进行防腐处理→刷防腐面漆

（3）选料　选择材质、质地坚韧，材料挺直，比例匀称、正常无障节、霉变，无裂缝，色泽一致，干燥的木材。

（4）加工制作　根据锯好的木花架半成品料，按规格，同时应进行再次选料，保证用料质量。

木花架制作前，先进行放样。木工放样应按设计要求的木料规格，逐根进行榫穴，榫头划墨，画线必须正确。操作木工应按要求分别加工制作，榫要饱满，眼要方正，半榫的长度应比半眼的深度短 2～3 mm。线条要平直、光滑、清秀、深浅一致。割角应严密、整齐。刨面不得有刨痕、戗槎及毛刺。拼榫完成后，应检查花架方木的角度是否一致，是否有松动现象，整体强度是否牢固。木作加工不仅要求制作、接榫严密，更应确保材料质量。构件规格较大，施工时应注意榫卯、凿眼工序中的稳、准确度，用家具的质量标准要求，体现园林小品的特色。

（5）木花架安装

①安装前要预先检查木花架制作的尺寸，对成品加以检查，进行校正规方。如有问题，应事先修理好。预先检查固定木花架的预埋件数量、位置必须准确、预设牢固。

②安装木柱：先在素混凝土垫层上弹出各木柱的安装位置线及标高。间距应满足设计要求。将木柱放正，放稳，并找好标高，按设计要求方法固定。

③安装木花架：将制作好的木花架木枋按设计图要求安装，用钢钉从枋侧斜向钉入，钉长为枋厚的 1～1.2 倍。固定完之后及时清理干净。

木材的材质和铺设时的含水率必须符合木结构工程施工及验收规范的有关要求。

（6）成品的防腐　木制品及金属制品必须在安装前按规范进行半成品防腐基础处理，安装完成后立即进行防腐施工，若遇雨雪天气必须采取防水措施，不得让半成品受淋至湿，更不得在湿透的成品上进行防腐施工，确保成品防腐质量合格。

5.3　景墙的构造与施工

5.3.1　景墙概述

景墙是园林中常见的小品，其形式不拘一格，功能因需而设，材料丰富多样。园林中的墙有分隔空间、组织导游、衬托景物、装饰美化或遮蔽视线的作用，是园林空间构图的一个重要因素。景墙可作为障景、框景、漏景以及背景，起到分隔和装饰的作用，使空间分割、转换以及空间相互渗透，形成诸多景观丰富的小环境。

景墙具有隔断、导游、衬景、装饰、保护等作用。景墙既要美观，又要坚固耐久。景观常将这些墙巧妙地组合与变化，并结合树、石、建筑、花木等其他因素，以及墙上的漏窗、门洞的巧妙处理，形成空间有序、富有层次、虚实相间、明暗变化的静观效果。

5.3.2　景墙分类

（1）按材料和构造分　可分为砖景墙（图5.30）、混凝土景墙（图5.31）、花格围墙（图5.32）、石景墙、铁花格景墙等。

（2）按其构景形式分　可分为独立式景墙（图5.33）、连续式景墙（图5.34）、生态式景墙（图5.35）。

图5.30　砖景墙

图5.31　混凝土景墙

图5.32　碎石花格墙

图5.33　独立式景墙

图5.34　连续式景墙

图5.35　生态式景墙

5.3.3　景墙的结构（图5.36）

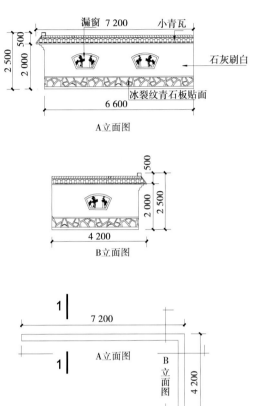

A立面图

B立面图

景墙平面图

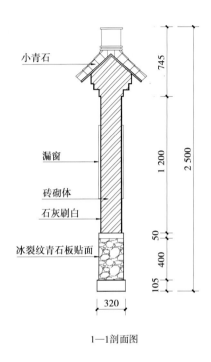

1—1剖面图

图5.36　传统景墙结构（平、立、剖面图）

1）墙基础

墙基础是景墙的地下部分,墙基础直接安置于地基上。其作用就是把墙的自重及相应的荷载传至地基。墙基础的埋置深度一般为500 mm左右,常将耕土挖除,将老土夯实即可。宽度一般为500～700 mm,其宽度随墙身的高度增加而变宽。墙基础一般由垫层、大放脚、基础墙、墙梁组成。

2）墙体

墙体是景墙的主体骨架部件。为加强墙体的刚度,墙体中间常设墙垛,墙垛的间距为2 400～3 600 mm。墙垛的平面尺寸为370 mm×370 mm,490 mm×370 mm,490 mm×490 mm等几种。墙体的高度一般为2 200～3 200 mm,厚度常为120,180,240 mm等几种。

3）顶饰

顶饰构造处理的基本要求有两个:一是形成一定的造型形态,以满足景观设计的要求;二是形成良好的放水防雨构造层次,以防止水渗漏进入墙体,达到保护墙体的目的。

4）墙面饰

墙面饰是指景墙墙体的墙面装饰。墙面装饰一般有勾缝、抹灰、贴面3种构造类型。

5）墙面窗洞

景墙上开设洞门、洞窗及其他洞口。

（1）洞门　中国园林的园墙常设洞门。洞门仅有门框而没有门扇,常见的是圆洞门,又称月亮门、月洞门;还可做成六角、八角、长方、葫芦、蕉叶等不同形状。

（2）洞窗　园墙设置的洞窗也是中国园林的一种装饰方法。洞窗不设窗扇,有六角、方胜、扇面、梅花、石榴等形状,常在墙上连续开设,形状不同,称为"什锦窗"。洞窗与某一景物相对,形成框景;位于复廊隔墙上的,往往尺寸较大,多做成方形、矩形等,内外景色通透。中国北方园林有的在"什锦窗"内外安装玻璃的灯具,成为"灯窗",白天可以观景,夜间可以照明。

（3）漏窗　漏窗又名花窗,是窗洞内有漏空图案的窗,也是中国园墙上的一种装饰。窗洞形状多样,花纹图案多用瓦片、薄砖、木竹材等制作,有套方、曲尺、回文、万字、冰纹等,清代更以铁片、铁丝做骨架,用灰塑创造出人物、花鸟、山水等美丽的图案。近代和现代园林漏窗图案有用钢筋混凝土或琉璃制的。漏窗高度一般在1.5 m左右,与人眼视线相平,透过漏窗可隐约看到窗外景物,取得似隔非隔的效果,用于面积小的园林,可以免除小空间的闭塞感,增加空间层次,做到小中见大。

5.3.4　"文化墙"施工方法

①把大小不同、表面光洁度不同、厚薄不同的艺术石混合安装。

②每片石块的背部应喷洒清水或用沾了水的刷子洗刷,以防灰浆中的水分被艺术石太快地吸收。

③在施工面上抹上适当面积的灰浆,再把搭配好的石块逐渐粘贴在施工面上,大力挤压,直到艺术石稳固在墙上,然后将艺术石边缘多余的灰浆刮去。

④为达到最好的外观效果,可用较厚的锥形泥袋把灰浆均匀地注入在经过切割过或断裂的艺术石边缘,然后用削尖的木条和其他工具将灰浆抹平,使石块材的周围精致而密实。

5.4　花坛的构造与施工

5.4.1　花坛概述

花坛是在一定范围的畦地上按照整形式或半整形式的图案栽植观赏植物,以表现花卉群体美的园林设施。花坛的布局与摆放随地形、环境的变化而异,需要采用不同的色彩及图案。图案设计简洁明快,线条流畅。用于摆放花坛的花卉不拘品种、颜色的限制,但同一花坛中的花卉颜色应对比鲜明,互相映衬。

花坛具有渲染气氛,美化环境,组织交通等作用。花坛主要用在规则式园林的建筑物前、入口、广场、道路旁或自然式园林的草坪上。中国传统的观赏花卉形式是花台,多从地面抬高数十厘米,以砖或石砌边框,中间填土种植花草。

5.4.2　花坛的类型

1)根据花坛表现主题内容不同分类

(1)花丛花坛(盛花花坛)　用中央高、边缘低的花丛组成色块图案,以表现花卉的色彩美(图5.37)。

(2)模纹花坛　表现精致复杂的图案纹样,植物本身的个体或群体美居于次位。通常以低矮观叶(或花叶兼美的植物材料组成),故不受花期的限制(图5.38)。

图5.37　花丛花坛

图5.38　模纹花坛

(3)立体造型花坛　以枝叶细密、耐修剪的植物为主,种植于有一定结构的造型骨架上,从而形成的造型立体装饰(图5.39、图5.40)。

图5.39　卡通立体花坛

图5.40　立体花坛

(4)装饰物花坛　以观花、观叶或不通种类配置成具有一定实用目的的装饰物的花坛,如做成日历、日晷、时钟等形式的花坛(图5.41)。

(5)造景花坛　借鉴园林营造山水、建筑等景观的手法,运用以上花坛形式和花丛、花境、立体绿化等相结合,布置出模拟自然山水或人文景点的综合花卉景观(图5.42)。

2)根据空间形式分类

（1）平面花坛 表面与地面平行,主要观赏花坛的平面效果,包括沉床花坛或稍高出地面的平面花坛。

图5.41 装饰物花坛

图5.42 造景花坛

（2）斜面花坛 表面为斜面,与前两种花坛形式相同——均以表现平面的图案和纹样为主,设置在斜坡、阶梯上,有时也在展览会上以观斜面花坛的方式出现。

3)根据运用方式分类

可分为单体花坛、连续花坛(图5.43)和组群花坛。现代又出现移动花坛,由许多盆花组成,适用于铺装地面和装饰室内。

图5.43 连续斜面花坛

5.4.3 花坛的施工步骤

（1）定位放样 根据花坛设计坐标网络将花坛测设到施工现场并打坑定点,然后根据各坐标点放出其中心线及边线位置并确定其标高。

（2）土方开挖 各尺寸经过复核无误后进行土方开挖,并按规范留出加宽工作面。待土方开挖基本完成后,对各点标高复核。

（3）基层施工顺序 基层素土夯实 → 塘渣灰土垫层 → 压实 → 碎石垫层 → 摊铺碾压 →

素砼垫层施工(图5.44)。

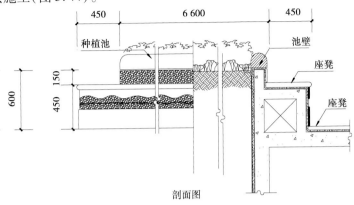

剖面图

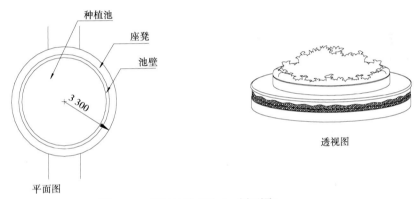

平面图　　　　　　　　　　　透视图

图5.44　花坛结构(平、立、剖面图)

①塘渣灰土基层塘渣灰土基层采用人工摊铺压实,根据各桩点设计标高进行,塘渣灰土要求回填厚度一致,颗粒大小均匀。摊铺完成后采用重锤夯实,用平拱板及小线检验其平整度。

②碎石施工在已完成的塘渣灰土垫层上采用人工摊铺,按各坐标桩标高确定 摊铺厚度,碎石应尽量一次性上齐,其厚度应一致,颗粒均匀分布。

③素砼垫层施工

a. 在已完成的基层上定点放样,根据设计尺寸确定其中心线、边线及标高,并打设龙门桩。在砼垫层边处,放置施工挡板,挡板高度应比垫层设计高度略高,但不宜太高,并在挡板上划出标高线。

b. 对基层杂物等应清理干净,并浇水湿润,待稍干后进行浇筑。

c. 在浇筑过程中,根据设计配合比确定施工配合比,严格按施工配合比进行搅拌、浇筑、捣实,稍干后用抹灰砂板至设计标高。

d. 混凝土垫层施工完成后应及时养护。

(4)花坛砌筑

①砌砖前,应首先对花坛位置尺寸及标高进行复核,并在混凝土垫层上弹出其中心线边线及水平线。

②对红砖进行浇水湿润,其含水率一般控制在10% ~ 15%。

③对基层砂灰、杂物进行清理并浇水湿润。

④砌筑时,在花坛四周转角处设置皮数杆,并挂线控制(一般控制在每10皮砖63～65 cm)。

⑤砖砌花坛要求砂浆饱满,上下错缝,内外搭接,灰缝均匀。

5.5 园林椅凳的构造与施工

5.5.1 园林椅凳的概述

图5.45 石木座凳

100°～110°为宜。

园林椅、凳是为人们提供不可缺少的休闲设施,其形式多样,色彩、造型丰富,增加视觉效果,构成园林景点。

座椅(具)材料多为木材(图5.45)石材、混凝土、陶瓷、竹(图5.46)、金属(图5.47)、塑料等。木材应作防腐处理,座椅转角处多做磨边倒角处理。

室外座椅(具)普通座面高380～400 mm,座面宽400～450 mm。标准长度:单人椅600 mm左右,双人椅1200 mm左右,3人椅1800 mm左右,靠背座椅的靠背倾角以

图5.46 竹编座凳

图5.47 钢座凳

5.5.2 石木园林椅凳的施工

①在定点放线的基础上,挖沟立槽。槽规格为600 mm×600 mm,沟槽挖好后,槽底部素土夯实。

②泼水湿润打基础,基础为M5水泥砂浆砌筑毛石(Mu30)。

③机砖砌筑。表皮用抹子抹25 mm厚的1:2.5的防水砂浆,土方回填,回填之后的表层为25 mm厚的1:2的水泥砂浆粘接层,上贴25 mm厚的芝麻白花岗岩磨光面,高250 mm,宽400 mm。

④在花岗岩石之上安装木条龙骨,使用 M8 的镀锌螺栓固定,刷栗红色防腐漆,龙骨上安装横栏木条,使用 M8 的镀锌螺栓固定,刷栗红色防腐漆(图 5.48)。

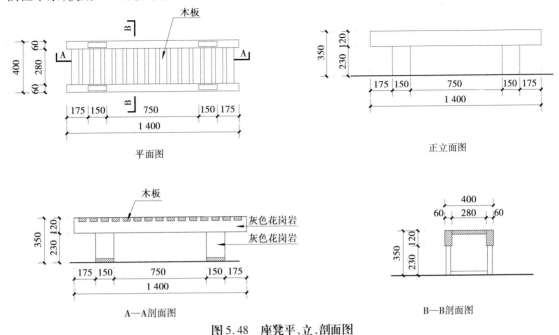

图 5.48 座凳平、立、剖面图

5.6 亲水木平台(栈道)的构造与施工

5.6.1 亲水木平台(栈道)概述

亲水木平台与木栈道高于水面,从陆地延伸到水面上,为人们提供行走、休息、观景和交流的多功能场所。由于木板材料具有一定的弹性和粗朴的质感,因此行走其上比一般石铺砖砌的栈道更为舒适(图 5.49)。

图 5.49 观景木平台

亲水木平台与木栈道由表面平铺的面板(或密集排列的木条)和木方架空层两部分组成(图5.50)。

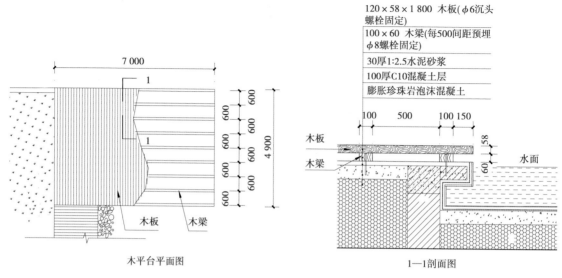

图5.50　木质平台平、剖面图

木面板常用桉木、柚木、冷杉木、松木等木材,其厚度要根据下部木架空层的支撑点间距而定,一般为3~5 cm厚,板宽一般为10~20 cm,板与板之间宜留出3~5 mm宽的缝隙。面板不应直接铺在地面上,下部要有至少2 cm的架空层,以避免雨水的浸泡,保持木材底部的干燥通风。设在水面上的架空层其木方的断面选用要经计算确定。

亲水木平台与木栈道所用木料必须进行严格的防腐和干燥处理。为了保持木质的本色和增强耐久性,用材在使用前应浸泡在透明的防腐液中6~15 d,然后进行烘干或自然干燥,使含水量不大于8%,以确保在长期使用中不产生变形。个别地区由于条件所限,也可采用涂刷桐油和防腐剂的方式进行防腐处理。连接和固定木板和木方的金属配件(如螺栓、支架等)应采用不锈钢或镀锌材料制作。

5.6.2　亲水木平台的构造及施工

1)构造

构造为基层、龙骨、面层。

2)施工要点

①木结构基层的处理:设计施工应充分保持防腐木材与地面之间的空气流通,这可以有效延长木结构基层的寿命。

②制作安装防腐木时,防腐木之间需留0.2~1 cm的缝隙(根据木材的含水率再决定缝隙大小,木材含水率超过30%时不应超过0.8 cm)可避免雨天积水及防腐木的膨胀。

③厚度大于50 mm或者大于90 mm的方柱为减少开裂可在背面中心位置开一道槽。五金件应用不锈钢、热镀锌或铜质的(主要避免日后生锈腐蚀,并影响连接牢度)连接安装时要预先

钻孔,以避免防腐木开裂。

④木板破损部分涂刷防腐剂和户外防护涂料,避免阴雨天施工。

⑤铺装完后,面层表面用户外防护涂料或油漆类涂料涂刷,48 h 避免人员走动,必要时面层再做一道专用户外木油处理。

基本概念

1.传统亭　现代亭　攒尖顶　亭身　亭基

2.双面空廊　单面空廊　复廊　直廊　曲廊

3.盛花花坛　模纹花坛　立体造型花坛　装饰物花坛　造景花坛

复习思考题

1.试述传统亭的施工步骤。

2.廊、花架的类型有哪些?

3.试述景墙的结构。

4.试述花坛的施工步骤。

5.园林椅凳常用的材料有哪些?

6.试述亲水平台的构造与施工要点。

主要参考文献

[1] 丁绍刚. 风景园林概论[M]. 北京:中国建筑工业出版社,2008.

[2] 成玉宁. 园林建筑设计[M]. 北京:中国农业出版社,2009.

[3] 杜汝俭. 园林建筑设计[M]. 北京:中国建筑工业出版社,1986.

[4] 卢仁,金承藻. 园林建筑设计[M]. 北京:中国建筑林业出版社,1991.

[5] 王向荣,林菁. 西方现代景观设计的理论与实践[M]. 北京:中国建筑工业出版社,2002.

[6] 东南大学建筑系,东南大学建筑研究所. 杨廷宝建筑设计作品选[M]. 北京:中国建筑工业出版社,2001.

[7] 尚廓. 风景建筑设计[M]. 哈尔滨:黑龙江科学技术出版社,1999.

[8] 侯幼彬. 中国建筑美学[M]. 北京:中国建筑工业出版社,2009.

[9] 约瑟夫·马·萨拉. 城市元素[M]. 大连理工大学出版社,2001.

[10] 徐卓恒,陈元甫. 景观设计·环境小品[M]. 杭州:浙江人民美术出版社,2010.

[11] 杨清平,邓政. 环境艺术小品设计[M]. 北京:北京大学出版社,2010.

[12] 郑曙旸. 景观设计(美术卷)[M]. 北京:中国美术学院出版社,2005.

[13] 尹影,李广. 环境小品设计[M]. 北京:北京理工大学出版社,2009.

[14] 杨清平,邓政. 环境艺术小品设计[M]. 北京:北京大学出版社,2010.

[15] 薛健. 环境小品[M]. 北京:中国建筑工业出版社,2003.

[16] 李超. 城市户外公共座椅设计研究[D]. 江南大学,2008.

[17] 汪文俊,易红杏. 户外休闲公共空间座椅设计[J]. 大江周刊:论坛,2012(9):63.

[18] 李源. 城市广场设施设计——文化休闲广场公共座椅设计[D]. 西安建筑科技大学,2006.

[19] 叶武. 现代环境中的公共设施设计[D]. 天津大学,2002.

[20] 张莉莉. 浅谈城市电话亭报亭[J]. 中国科技博览,2009(20):274.

[21] 丰田幸夫. 风景建筑小品设计图集[M]. 北京:中国建筑工业出版社,1999.

[22] 骁毅文化. 园林细部设计 CAD 精选图库[M]. 北京:化学工业出版社,2009.